现代室内环境设计的创新策略研究

张　娜　李舒旭　向金定◎著

吉林出版集团股份有限公司
全国百佳图书出版单位

图书在版编目（CIP）数据

现代室内环境设计的创新策略研究 / 张娜，李舒旭，向金定著. -- 长春 : 吉林出版集团股份有限公司，2023.12
ISBN 978-7-5731-4472-0

Ⅰ. ①现… Ⅱ. ①张… ②李… ③向… Ⅲ. ①室内装饰设计-环境设计-研究 Ⅳ. ①TU238.2

中国国家版本馆 CIP 数据核字（2023）第 234135 号

现代室内环境设计的创新策略研究
XIANDAI SHINEI HUANJING SHEJI DE CHUANGXIN CELÜE YANJIU

著　　者　张　娜　李舒旭　向金定
责任编辑　杨亚仙
装帧设计　万典文化

出　　版　吉林出版集团股份有限公司
发　　行　吉林出版集团社科图书有限公司
地　　址　吉林省长春市南关区福祉大路 5788 号　邮编：130118
印　　刷　唐山富达印务有限公司
电　　话　0431-81629711（总编办）
抖 音 号　吉林出版集团社科图书有限公司 37009026326

开　　本　710 mm×1000 mm　1 / 16
印　　张　12
字　　数　220 千字
版　　次　2023 年 12 月第 1 版
印　　次　2023 年 12 月第 1 次印刷

书　　号　ISBN 978-7-5731-4472-0
定　　价　55.00 元

Foreword 前言

在当今社会，室内环境设计已经超越了仅仅追求空间美观的范畴，演变成了创造舒适、智能、可持续的生活空间的艺术和科学。科技的快速发展和对可持续发展的日益关注使得现代室内设计不断创新，融合了前沿技术、环保理念和独特艺术表达。在这个全新的设计时代，我们共同探索通过现代室内环境设计，为人们打造更健康、更智能、更环保的生活空间。随着技术的不断进步和社会的不断发展，我们期待揭示现代室内环境设计的新篇章，为未来的居住方式创造新的可能性。现代室内环境设计不仅仅注重功能和美学，更强调人与环境的互动，力求在空间中创造出人们渴望的生活体验。从智能家居到可再生能源的应用，从模块化设计到可拆卸的建筑结构，现代室内环境设计正引领未来居住潮流。

随着我国社会经济的迅速发展和人们生活水平的提高，室内环境设计经历了从传统的强调效能到注重简洁明了的个性化追求的转变。设计师们以满足使用者的需求为出发点，人们也对空间环境所带来的心理和生理体验提出了更高的期望。因此，当代室内环境设计的主要趋势包括关注生活品质、强调健康因素、突显个性特色以及重视情感表达。室内环境设计的目标是为人们创造服务性的室内空间环境，将提高物质生活水准和增进室内环境的精神品质置于设计的首位。现代室内环境设计需要平衡和综合物质因素与精神因素、生理要求与心理要求、科学性与艺术性。通过深入分析研究，本书提出了解决当前我国室内环境设计问题的建议，旨在为我国室内环境设计提供借鉴。

Contents 目 录

第一章　现代室内环境设计概述

第一节　室内环境设计概论

室内设计与建筑紧密相关，直接影响人们的日常生活和工作。室内设计包括实质环境和非实质环境的合理布局和规划。实质环境是不可改变的要素，如空间性能和地理位置，而非实质环境是可调整的因素，如颜色、质感和用户喜好，它们能够满足不同需求。在室内设计中，功能至关重要，需要通过装饰设计来满足用户需求。室内设计和功能之间存在一定的逻辑关系，它们相互影响，相辅相成。通过科学合理的室内设计，能够实现对实质和非实质环境的有效管理，创造出更适应人们需求的舒适、美观、实用的空间。

一、现代室内装饰设计的基本含义

现代室内装饰设计起初源自工业领域的发展，主要为满足人们对特定审美标准的需求。通过科学合理的设计，对现有空间进行改进。室内设计呈现多样化，受地理、时代和文化因素影响。与住宅装修美化外观不同，室内装饰是一个精致的过程，不仅提供美化效果，还表现出居住者的独特文化和审美价值观。设计流程涉及根据功能和环境确定装饰方案，运用建筑学原理创造出宜人且合理的室内环境。室内装饰设计人员需要巧妙地将文化、风格和人文氛围融入实际空间布局中。

二、室内装饰设计的重要性

室内空间设计确实很重要，它不仅关乎外在美感，还直接影响人们的生活体验和舒适感。通过运用先进的科技和艺术手段，可以更精准地满足人们的心理和生理需求，实现对室内环境的设计性改善。随着应用物质的不断丰富和多元化，科学而合理的空间划分使得同一空间能够呈现出不同的效果，满足了人们对室内空间多功能性的需求。这种综合运用科技、艺术和设计的方式，确实能够创造出更具品质和个性化的居住环境。

室内装饰设计不仅仅是追求实用功能，更是在迎合人们日益增长的精神需求。居住的地方不仅是实用的屋子，更是一个可以让人们心情愉悦的空间。在设计中，需要强调影响情绪的要素，通过巧妙的装饰设计来帮助人们放松心情。颜色的选择也是个很巧妙的点子，不同的颜色可以调动人们的情绪状态，创造出不同的氛围。当然，现代室内装饰设计也需要满足相应的技术要求，要在科技和艺术之间找到平衡点，协调各个设计部分，灵活运用合适的技巧。只有正确把握结构设计，选用适当的技巧，才能实现科技与艺术的完美结合，创造出令人满意的室内装饰效果。

中国的多元文化和众多的民族为室内装饰设计带来了丰富的元素。在设计过程中，必须高度重视自身民族的独特特色。考虑到一些民族对特定事物的禁忌，设计师需要特别留意，避免触碰到可能引起不适的元素。在融合具有民族特色的元素时，需要实现有效而尊重的结合，以真正展现独特的民族特征，并将以人为本的设计理念与民族文化有机融合。通过巧妙的融合，室内装饰设计可以呈现出丰富多彩、具有深厚文化内涵的特色，使人们在居住的空间中感受到浓厚的文化氛围。

三、室内装饰设计中装饰性与功能性的关系

（一）装饰为功能服务，以功能性为主

在室内装饰设计中，功能性应当是设计的核心，是设计师时刻要保持关注的

焦点，确保室内空间提供安全舒适的居住环境至关重要。总的来说，室内装饰设计不应只是单纯的美化，而是在充分考虑房屋的功能性的基础上进行设计。设计师需要将功能性作为基础要素，使装饰设计成为功能性的辅助工具，我们应确保房屋整体功能的正常运转。在设计过程中，应始终以功能性为主导，装饰性为辅助的原则，确保二者在设计中的有机融合。通过合理取舍，设计师能够在满足用户对艺术美感的需求的同时，不牺牲室内空间的基本功能。这种综合考虑，才能创造出既美观又实用的室内装饰设计。

（二）在满足功能需求的同时，充分展现装饰性

我国人口的快速增长以及房产需求的不断上升，促使建筑公司采取批量生产的方式进行住宅建筑建设。然而，由于大规模建设导致建筑个性化缺乏，使得人们对居住环境个性化的需求日益增强。如今，人们对居住环境的期望已不仅仅满足于基本的功能需求，而是更加强调建筑美和外在美。因此，室内装饰设计的未来发展趋势应注重满足用户对个性化居住环境的需求。个性化的生活环境已成为人们新的生活目标，设计师需要从用户的居住现状出发，关注健康和舒适等方面进行装饰设计。只有设计出令用户满意的居住环境，才能真正迎合当前人们对建筑装饰设计多元化需求的趋势，推动室内装饰设计水平不断提升。这种个性化的设计理念将为居住者提供更丰富、更令人愉悦的生活体验。

室内装饰设计方案的成功与否很大程度上取决于功能性和装饰性的协调统一。在现代室内装饰设计中，建筑功能和装饰美已经变得密不可分，两者需要在设计中得到最佳的平衡。一个功能性强但缺乏装饰性的居住空间可能会显得单调乏味，缺乏吸引力。反之，纯粹追求装饰性而忽视功能性则可能导致实用性不足。因此，设计师的最终目标是在满足空间功能性的基础上，创造出富有美感和舒适感的居住环境。现代人们对室内空间的要求不仅仅停留在实用性上，更加强调美的享受。成功的室内装饰设计应当在功能性和装饰性之间找到最佳的平衡点，既满足生活的实际需求，又为居住者提供美的愉悦和享受。这种综合性的设计理念才能真正符合人们对于室内装饰的期望和追求。

第二节　室内环境的设计思维

在社会经济迅猛发展的背景下，公众对生活质量的需求逐渐提升，对精神世界的充实与拓展也变得尤为迫切。在这样的背景下，室内环境设计的艺术性变得至关重要。一个富有创意的室内设计不仅可以提供舒适的居住空间，更能够影响居住者的心情和情感体验。创意性强的室内设计可以为人们打造舒适、独特且令人愉悦的居住环境。这不仅仅是为了满足基本的生活需求，更是为了提供一种愉悦的个性化体验。舒适的居住体验不仅仅是物质上的享受，还包括对艺术和创意的感受，能使人们在室内空间中感受到更丰富的精神愉悦。未来的室内设计确实有望朝着更强调创意性和艺术性的方向发展，以满足人们对于个性化、独特化居住环境的追求。这种发展趋势将为室内设计师提供更多的创作空间，使设计不仅仅是满足功能需求，更是一种艺术的表达和生活品质的提升。

室内设计可以追溯到人类文明的起源，最初是对房屋内部环境进行简易的改动，逐渐演变成具有艺术性的室内环境艺术设计。从简单的实用性到现代强调技术、功能、绿色和生态的设计理念，室内设计已经发展为一门综合性的艺术和科学。随着社会的不断进步和人们生活水平的持续提升，对于居住环境的需求和期待也随之水涨船高。现代室内设计强调保证人们身心健康的前提下，通过特殊的建筑风格展现室内环境的文化底蕴、氛围和艺术等精神功能。这种设计理念不仅满足了物质层面的需求，还关注了居住者的精神需求，创造出更丰富、更有品质的居住空间。室内设计在公共建筑和居家住宅两大类别中都有广泛的应用，涵盖了从电器设备到家具、地板等各个方面的规划与设计。通过室内设计，人们可以塑造出更具个性和品位的居住环境，体现了人们对生活品质的不断提升和追求。

一、室内环境艺术设计的重要性

居住者在日常生活中大部分时间都在住宅内度过，因此室内环境对身心健康的影响至关重要。一个良好的室内环境能够提供舒适、安静、温馨的居住体验，有助于居住者的身体和心理健康。室内环境艺术设计在满足人们日常生活需求的同时，也应当考虑到人们不断增长的精神和物质需求。科学合理的建筑物室内环境设计既要追求艺术美感，又要注重科学合理性，以确保人们在这个环境中能够获得最佳的生活体验。不同人群对室内环境的需求是多样化的，考虑不同人的特殊需求，比如公共场所需要设置无障碍通道和盲道，是室内环境艺术设计的一项重要任务。通过关注不同人群的内在需求，设计可以更贴近实际生活，为居住者提供更加人性化的、适应性强的室内环境。这种以人为本的设计理念有助于创造更具包容性和友好性的居住环境。

二、创新思维在室内环境艺术设计中的应用

（一）科学性与艺术性的结合

在现代室内环境艺术设计的发展中，科学性和艺术性的结合是至关重要的。室内设计不仅要追求美感，还需要满足舒适性、安全性、便利性、合理性等性能，以创造出一个功能完善且富有艺术感的居住环境。随着科学技术的不断进步，新材料和新技术的应用为室内环境艺术设计提供了更多可能性。计算机等科学手段的充分应用使得设计师能够通过立体图形等方式展示整体效果，更容易把握室内环境设计的整体大局。这不仅使室内设计更加明确和精细，也使设计过程更具科学性。科技的发展不仅提供了更多设计工具，还促进了设计领域的创新。设计师能够更灵活地运用新材料和新技术，将科学性与创意性相结合，创造出更具前瞻性和独创性的室内设计作品。这种科学性和艺术性的结合，将为室内设计带来更多的可能性，使设计更加符合当代社会对于舒适、美观和科技感的需求。

（二）不同类别的造型

装饰造型注重的是装饰效果，它能够调动艺术氛围，为室内环境增添独特的

艺术感。这种形式的设计强调的是装饰性，通过各种艺术元素的巧妙搭配和运用，使室内空间呈现出各种富有创意和美感的装饰效果。这样的设计不仅令人感受到美的享受，同时也提升了空间的整体氛围。另一方面，结构造型注重的是对结构的美化，通过分割、遮挡等方式对墙面、天花板等区域进行处理，使空间造型更加协调。这种设计不仅满足实际生活需求，更能展现结构的艺术之美。通过对结构的处理，设计师能够创造出独特而富有层次感的室内环境，使整个空间更具艺术性和美感。这两种形式的设计在室内环境中各有特色，可以根据具体需求和设计理念选择合适的方式，以打造出独具个性的室内空间。

（三）简约式风格在室内空间设计中的运用

首先是空间运用。在简约派设计中，充分利用空间是至关重要的。通过巧妙的布局和合理的设计，使整个空间显得开阔而整洁。其次是色彩运用。简约派通常采用中性色调，如白色、灰色、黑色以及木质色等。这种简单而典雅的色彩搭配不仅让空间更加明亮，也为居住者提供了宁静舒适的感觉。装饰材料和家具运用也是简约派设计的关键。选用特殊风格的装修材料，如混凝土、金属、玻璃等，搭配简洁而实用的家具，突显整体设计的精致和品位。软装材料的应用是打磨空间氛围的另一方面。通过挑选合适的软装，如简约的抱枕、毛毯、地毯等，为空间增添一些温暖和个性。将室外自然色引入室内环境也是简约派设计常见的手法。通过大面积的窗户或开放式设计，将室外的自然色彩融入室内，创造出更加舒适和自然的居住环境。最后是设计照明灯的应用。在简约派设计中，照明是至关重要的。通过精心设计的照明方案，可以在不同区域营造出不同的氛围，使整个空间更加灵动而有层次感。通过对这六个方面的具体阐述，可以更全面地理解简约派设计风格的核心特点和设计原则。

1. 空间运用

简约设计的独特之处在于通过空间结构和分离的方式来表达设计技巧，创造出简单而有力的空间效果。在强调了简约设计需要在满足功能和整体配置需求的同时，通过流动感式的设计来呈现简单的风格。优秀的简约派设计师具备高水平的空间运用技能，他们以简约为设计理念，将满足室内的生理和生活需求作为首要条件。在地面饰材与家具的相互搭配中，设计师展现了对空间运用的深刻理解。同时，通过陈列品、吊顶等实体物品的巧妙运用，创造出富有意境的空间氛围。简约派设计不仅具有灵活性和流动性，还能够让居住者更轻松地使用房间，享受更好的居家体验。这种设计风格通过简练的形式和精致的细节，为室内空间注入了现代感和品位，体现了一种极致的美学追求。

2. 色彩运用

色彩运用在室内设计中的确起到了至关重要的作用，对于颜色的情感表达和个性化应用有很好的认识。不同颜色代表着不同的情感和氛围。红色、黄色、蓝色等色调常常被运用在室内设计中，它们分别代表着热情、温馨、舒适等情感。合理的色彩搭配不仅充分体现了情感的含义，还能够改善室内环境的感觉，降低空洞感，提升居住体验。材料的颜色和纹理在室内设计中的表达也是多种多样的。简约设计要充分考虑颜色的应用，以创造更符合人们对空间要求的环境。不同的颜色和材料可以通过层次和纹理的变化，呈现出不同的情感和氛围，为空间增添细致的层次感。人的性格和个性差异可以通过颜色来体现，因此，设计师在简约风格设计中应该注重对个性化色彩的巧妙搭配。通过不同颜色的组合，可以展现出每个个体的独特性格，强调生活环境的个性化，体现身份地位，表达文化背景，彰显风俗习惯。这样的设计不仅丰富了空间，也为居住者创造出更具个性化和独特性的居住体验。

3. 装饰材料和家具运用

房间的氛围是通过多种装饰材料来体现的，包括地板、瓷砖、墙纸、墙布、照明灯具、天花板等。各种设计风格都需要合适的装饰材料来表达，不同的材料呈现出不同的室内设计风格，满足不同客户的个性需求。色彩搭配对居住者的入住体验有着直接的影响，因此合理的色彩搭配是至关重要的。掌握色彩搭配技巧并充分利用各种材料是关键。在选择装饰材料和组合家具时，要符合简约风格设计理念。在满足居家生活需求的前提下，要坚持宁缺毋滥的原则。选择与相同情感意义色调相符的家具是必要的，同时，注意选择单色空间色彩的家具，这有助于使整个房间呈现有序、含蓄、高效、简洁的感觉。

4. 软装材料的应用

软装材料在室内环境设计中扮演着至关重要的角色。首先，关于保持原色搭配顺序的原则，确保设计主体在整体效果中得到突显是非常重要的。主次分明的搭配有助于突显设计的创意点，同时避免辅助材料与主要材料混杂，影响整体效果。其次，协调性原则强调了装饰材料和颜色的选择要达到自然、和谐、统一的视觉效果。这有助于创造出舒适且统一的室内环境，提高居住者的居住体验。联想原则强调设计师应该放开思维，通过软装材料体现室内环境的多重意境。这种创造性的联想可以为居住者带来更丰富的感官体验，使空间更具个性和独特性。最后，装饰简洁原则强调了主体风格应该保持简约大方，符合生活习惯。简洁的装饰有助于营造清爽宜人的居住环境，使人感到舒适和轻松。这些原则对于设计师在软装材料选择和搭配中的指导具有非常实用的价值。

5. 室外自然色引入室内环境的应用

将室外自然色彩引入室内环境设计中的做法能够为居住者创造出更为舒适和宜人的居住体验。与外界环境协调、统一、相融合的原则非常关键，这有助于创造出一个自然、和谐的室内环境。自然元素如树根、岩石、花卉、草坪等的引入，不仅能够点缀室内空间，还能为室内带来一种生机勃勃的感觉。这些自然色彩的运用可以在瞬间让人感受到自然的美好，为室内环境注入新鲜感和活力。除了颜色，还能通过纹理、形状等方面的运用增加室内的层次感。这样的设计不仅满足了居住者对自然的向往，同时也为室内环境增添了一份自然的宁静和放松感。总体而言，室外自然色彩的引入不仅仅是一种装饰手法，更是在都市生活中营造出一片居住者可以沉浸其中、感受大自然氛围的独特空间的方式。

6. 设计照明灯的应用

光的运用是室内环境设计中非常重要的因素之一。照明灯具的设计对于室内设计效果的提升有着显著的作用。光线的特性能够为空间营造出不同的氛围，而创意照明设计则能够更好地表达设计的独特魅力。光线的选择和运用可以根据居住者的喜好和空间的用途来调节。充足的自然光能够让空间更加明亮通透，同时暖色系的光线也能够营造出温馨宜人的氛围。创意的灯具设计可以通过光线的投射和照明效果来打造独特的视觉效果，使室内环境更具个性。在室内环境艺术设计中，确保居住舒适体验是至关重要的。这不仅包括视觉感受，还涉及居住者的行动空间和整体居住环境的质量。通过创意思维和个性创意的展现，设计师可以为居住者打造出一个令人愉悦、舒适且具有个性的生活空间。

第三节　室内环境设计的意境表现

随着社会的持续发展以及生活品质的不断提升，民众对于室内环境设计的需求也日益增高。意境营造在室内环境设计中扮演着重要的角色，它能够为居住者创造出一种独特的氛围和体验。室内环境设计不仅仅追求功能性，更注重通过美学的手法来打造一个令人愉悦、宜人的生活空间。意境的创造涉及空间的布局、色彩的搭配、装饰的选择等多个方面，通过这些元素的有机组合，设计师可以使空间呈现出独特的情感和氛围。在当代社会，人们对于休息和放松的需求日益增加，因此，一个具有良好意境的室内环境设计能够提供一个远离城市喧嚣的休憩空间，帮助人们实现全身心的放松和恢复。这种设计理念既追求实用性，同时也注重艺术性，以期为居住者创造出更丰富、更有品位的生活体验。因此，对室内环境设计意境的研究和创造是非常必要的，它不仅能够提升居住者的生活品质，也反映了设计师对于空间美学的追求和创新。

一、室内环境设计意境的概念和重要性

（一）概念

建筑美在室内环境设计中有其独特之处。与其他艺术领域不同，室内环境设

计要考虑人们的实际生活需求，同时通过建筑、装饰等手段创造出一种独特的意境。在室内环境设计中，美感、气氛和意境是设计的重要元素，它们共同构成了设计的精神层面。美感通过审美属性激发人们的情感和愉悦感，而气氛则通过整体布局、色彩搭配等元素产生，为室内环境赋予不同的性格和印象。意境在室内环境设计中更是扮演着至关重要的角色。它不仅需要清晰地传达某种意图和思想，还要具有启发人思考和联想的能力。意境的营造是设计的最高境界，通过巧妙的构思和表达，设计师可以在空间中创造出富有深度和内涵的艺术效果。室内环境设计所承载的精神功能使其不仅仅是满足基本实用需求的工程，更是艺术与生活的结合。通过巧妙的设计，室内环境不仅能够满足人们的居住需求，还能够提升他们的生活品质，给予他们美的享受和深层次的情感体验。

（二）重要性

室内环境设计既要满足实际使用功能，又要追求审美，这其中审美的追求往往需要设计师在创作中发挥更多的创意和想象力。功能性是室内环境设计的基础，一个设计不仅要美观，还要实用。无论是居住空间还是商业空间，都必须满足人们的实际需求，提供舒适、便利、安全的使用环境。这方面通常包括布局的合理性、家具摆放的考虑、光照、通风等因素。然而，审美的要求则是对设计师创造力和艺术表达能力的挑战。室内环境设计不仅仅是空间的布局和功能的实现，更是一种对美的追求。通过色彩、材料、家具等方面的设计，设计师可以创造出独特的艺术效果，营造出具有个性和魅力的空间。而意境美更是通过细腻的设计和艺术元素的有机结合，使人在空间中感受到愉悦、宁静、舒适等情感。对于居住者而言，一个充满意境美的室内环境可以提升生活品质，带给他们身心的愉悦和慰藉。在这个过程中，设计师需要突破传统的设计方式，挖掘新的设计理念和技术手段，创造出更具艺术性和独创性的作品。

二、室内环境意境设计原则

（一）健康生态

健康生态无疑是室内环境设计的首要原则之一。一个良好的室内环境应该是对居住者身心健康有益的，而健康生态正是为了实现这一目标而提出的设计理念。在室内环境设计中，健康的概念包括了对居住者感官的关照，确保他们在室内环境中感到舒适和安心。这就意味着避免使用刺眼或刺鼻的材料，确保空气流通，适度的采光等。过分夸张或阴暗的元素可能会引起居住者的不适，因此设计师需要在审美的同时兼顾实用性和舒适性。生态方面强调的是环保和可持续性。在现代社会，人们对于环境的保护和可持续发展有着越来越高的要求。在室内环境设计中，可以通过选择环保材料、提高能源利用效率、合理利用自然光等手段来实现生态原则。这不仅有助于打造一个绿色、健康的室内环境，还符合当代社会对可持续发展的追求。通过健康生态的设计，室内环境不仅能够提供一个令人愉悦的居住场所，还有助于居住者保持积极的情绪和生活态度。

（二）传达情意

意境的营造需借助室内环境中的实体存在来传递情感并表达心理状态。物体的选择和摆放不仅影响室内环境的整体氛围，还可以唤起居住者的情感和记忆。使用具有历史和情感意义的物体，如从前使用过的器物或带有个人回忆的物品，能够在室内环境中创造出独特的意境。这些物体可以成为情感的媒介，让人们在室内环境中感受到温馨、亲切或者怀旧之情。这样的设计既能提高居住者的生活品质，也为室内环境赋予了更深层次的文化内涵。另外，对于一些有象征意义的物体的运用，比如梅花和竹子，能够通过隐喻和象征的方式来构建特定的意境。这样的设计不仅丰富了室内环境的层次，还使居住者在日常生活中能够感受到更多的美感和文化内涵。

（三）脱位、超位的立意原则

超越传统思维束缚，创新设计思路，是创造出独特室内环境的关键。脱位和超位的设计原则为室内环境提供了更多的可能性，使得设计能够更贴合使用者的心理和精神需求。以流水别墅室内环境设计为例，通过合理的家具布局来划分室内空间，展现出独特的设计风格和功能实用性，将家具作为整体设计的一部分，从而创造出更自然、和谐、清新的意境。这种超越传统布局方式的设计，不仅满足了功能需求，还赋予了室内环境更丰富的层次和独特性。这样的设计不仅考虑了空间的利用，还在于创造独特的情感体验。这种超越传统的设计方式，能够激发居住者的创造性思维，使他们在室内环境中感受到更多的美感和自由。在设计中突破传统，打破常规，是实现高水平室内环境设计的必要手段。

三、室内环境设计意境的创造方法

在室内环境设计的意境创造过程中，通常采用以下四种方法：象征、比兴、陈设和提示。

（一）象征

在室内环境设计领域，运用象征手法可以使设计方案更具艺术感染力。象征并非虚幻或不可实现，而是通过符号手法将设计理念表达出来，为室内居住空间创造出更富想象力的氛围。不同人对于意境的理解和需求各异，因此在具体设计中，需要以居住者为中心，考虑他们的兴趣、性格、爱好等因素，以象征性的方式表达设计的意境。即便是相同的室内空间，我们也可以从不同的角度入手，并充分结合艺术性来确立意境创造的方向。这样可以避免在室内环境设计中出现冲突和矛盾，能更好地提升意境创造的效果。通过象征性的设计手法，室内环境不仅满足功能需求，还能够激发居住者的想象力，使整个空间变得更具有深度和独特性。因此，在室内环境设计中，采用象征创造的方法是一种有效的手段，能够赋予设计更多的艺术性，使居住者在其中获得更为丰富的体验。

（二）比兴

在室内环境设计中，比兴是一种常用的方法，类似于文学中的比喻和兴起。设计师可以使用比兴手法来深入表达艺术，根据使用者的需求进行巧妙而合理的创新设计。比兴方法包括将自然元素或传统文化元素融入室内环境设计中，以创造出具有灵活多变、观赏性强的意境。举例来说，可以加入闲云野鹤、晴空万里、汉字文化、色彩文化、绘画文化等元素，这样的设计不仅使室内环境更加富有层次感，也能将室内环境主体引入美好的意境之中。比兴的运用使设计更具有创意性和独特性，为居住者创造出更为丰富而富有想象力的空间。通过比兴方法，室内环境不再单调刻板，而是通过自然元素和文化元素的巧妙组合，赋予空间更为丰富和深刻的内涵。这样的设计既满足了功能性的需求，又提升了整体的艺术性，使居住者能够在其中感受到更多的美好意境。

（三）陈设

陈设在室内环境设计中是一种重要的表达形式，通过艺术陈设的方式，设计师可以巧妙地布置家具、选择壁纸、摆放艺术摆件和材料，从而营造出符合使用者所需意境的室内环境。艺术陈设对于提升意境美具有重要的作用，可以使室内环境更富有层次感和审美感。在陈设的过程中，合理选择和摆放家具、艺术摆件等物件，可以使室内环境更加和谐、舒适，并达到设计的意境目标。此外，不同的艺术陈设风格可以相互促进和融合，以避免结构上的突兀，并创造出理想的室内环境物件设计。在创造陈设意境时，需要进行多方论证，共同探讨物件的样式、材料、意境等，以确保室内环境设计主题得到充分展现，物件陈设方式和内容能够更好地融合，创造出令人满意的室内环境。在陈设过程中，需要确保陈设的物件在发挥应有功能和作用的同时，不影响意境和艺术的展现。

（四）提示

在室内环境设计的意境营造过程中，有时会遇到主题与内容难以直观呈现的情况。为了使意境更好地融入室内环境，设计师可以采用提示的方法，将意境巧妙地融入到室内环境的各个方面。一种常见的方法是通过调整室内环境的背景颜色，优化结构设计，调控结构布局等手段来营造特定的氛围。这种方式可以为使用者创造出联想的空间，让他们能够根据相关的提醒或指示，想象出与设计意境相关的美好场景。提示在这里扮演着引导的角色，为施工者提供了一些线索，帮助使用者更好地理解和感受设计所追求的意境美。通过巧妙的提示，可以提升室内环境设计的观赏价值和意义，使整个设计更具深度和内涵。

四、提升室内环境意境设计效果的措施

（一）合理摆放室内陈设和装饰品

在室内环境设计中，陈设物品和装饰的灵活运用具有显著的影响力。它们不仅可以形成多种组合形态，展现出独特的意境创造效果，还能显著提升整体设计的艺术性和观赏性。相比于墙体，陈设物品更具有灵活分割室内空间的能力，同时又不会破坏整体设计的完整性。在室内环境设计中，巧妙运用陈设和装饰物品对于意境的创造起到了至关重要的作用。合理的摆设可以大幅度提升设计的艺术氛围和文化品位。同时，陈设物品自身的特性也会对室内环境产生不同的影响。以陶瓷饰品为例，其传统文化的精髓能够为室内设计注入丰富的文化元素。摆放一些陶瓷饰品可以营造出充满文化氛围、宁静而又充实的室内环境，有助于修身养性，陶冶情操。因此，在室内环境设计中，设计师可以善用陈设物品和装饰，通过精心的布局和组合，创造出富有意境的空间，使居住者在其中能够感受到更深层次的美和文化内涵。

（二）加大自然元素的应用力度

现代化元素虽然丰富了室内环境设计，但有时会让人感到疏离和缺乏自然氛围。人们对自然的向往是根深蒂固的，追求“天人合一”和“返璞归真”正是我们传统文化的主旨。在室内环境设计中引入自然元素，如纳景、框景、借景、引景等手法，可以有效地打破钢筋混凝土空间的单调，为居住者创造出仿佛置身于大自然的感觉。通过这些手法，室内环境不仅能够反映四季变化，还能够传递出生机盎然、自然宜人的氛围。这样的设计不仅能够提升室内环境的艺术性，还能够让人们在繁忙的生活中找到片刻宁静和放松。融入自然元素不仅经济适用，而且有益于生态健康，为室内环境注入一份清新与活力。这样的设计理念确实值得在室内环境设计中推广应用，为人们创造更美好、更贴近自然的居住体验。

（三）利用材料、质感来营造室内意境

在室内环境设计中，结构、材料、形式、功能等是设计的核心因素，其中材料的质感直接影响设计的意境。材料的质感包括光泽、形态、色彩、肌理、粗细等方面。通过充分发挥不同材料的质感，可以弥补建筑空间的缺陷，为创造充满意境的室内环境提供重要的支持。例如，在设计中使用未经修饰的岩石制作墙面，相较于传统的建筑材料，能够营造出自然立体的视觉效果，让人仿佛置身于丛林、溪流中，创造出更为丰富多彩的意境之美。

总的来说，综合理论与实践，室内环境设计需要综合考虑多个因素，而意境的创造则是至关重要的。通过巧妙地融入象征、比兴、陈设、提示等手法，设计师可以丰富空间的意义，为他们提供绿色、生态、富有意境的居住和生活环境。这种创造意境的过程不是凭空而来，而是通过精心的设计方法，使室内环境与结构充满特定的情感和寓意。

第二章 现代室内环境设计程序

第一节 设计准备阶段

在室内环境设计的初步阶段，进行充分的设计准备工作至关重要。此阶段通常涵盖了前期调研准备和设计准备两个核心方面。前期调研准备主要致力于深入理解建设方或客户的设计意向，并收集设计所需的基础资料，从而为后续的设计过程提供有力的依据。

一、前期调研准备

设计的前期调研包括设计空间所处的环境情况调研、该类型空间以前做完的同类设计情况调研以及对于该类空间的相关要求调研三个部分。

（一）环境调研

在前期调研阶段，首要任务是进行环境调研，即对设计空间所在的位置、周边环境、建筑结构以及内部状况进行详细了解和考察。通过调查设计的空间环境及周遭情况，获取对该空间的优势、劣势以及设计重点的认知。在考虑环境情况的基础上，选择合适的设计概念，确保设计空间的风格与周边环境协调统一。此外，环境调研还需要对特定地方的民俗、风情、历史和地域文化进行深入调查和体验，以确保设计的空间环境具有民族文化底蕴的高品位。通过亲身感受实际空间和环境以及对各种设备、管线、构件特殊规格、位置和尺度的具体勘测和拍照等，为后续设计工作奠定坚实基础。

（二）同类设计调研

进行同类空间设计调研的目的，在于深入了解其他设计师在相似场景中是如何进行设计的。以餐饮空间设计为例，设计师需要调研同类餐饮空间的设计形式和风格，结合客户的需求、户型特点和目标客户群体来进行设计。在同类设计调研中，一部分可以通过图片进行分析，但实地走访是更为重要的环节，有助于深入了解实际空间的尺度关系、材料运用、设备布置以及工艺结构等方面的内容。这样的调研过程有助于拓展设计师的视野，提高设计水平和能力。因此，作为室内设计师，不仅要有扎实的理论基础，还要通过实地考察来积累经验。有时候，实地考察的经验对于提升设计水平更有效益。这也解释了为什么一些设计师虽然没有经过正规的教育，却能够创作出优秀的作品，因为他们的设计灵感来源于丰富的阅历和经历。同时，强调设计师的学习能力在设计领域中的重要性。

（三）相关要求调研

在设计准备阶段，必须进行详尽的需求调研，包括深入探究相关的规范和规程。每种空间设计都受到国家相应规范的影响，因此在设计之前，需要仔细查找并参考国家规范。这有助于确保设计符合法规和标准，同时为设计提供了科学的基准和规范。此外，与甲方进行详细而深入的沟通在设计准备阶段和设计过程中都至关重要。了解甲方的具体构想和特殊要求，包括功能要求、使用对象、级别档次、预算、风格形式、设计期限等，是设计成功的关键。通过综合考虑多种因素，包括意象、功能、技术、经济和建筑等，可以明确设计的计划、任务和目标，并为下一步的构思提供系统而完整的资料和条件。通过深入了解甲方的需求，设计团队可以有针对性地解决设计中真正需要解决的问题，从而打造出符合使用者期望的室内空间。这样的设计准备工作为后续的设计阶段奠定了坚实的基础。

二、设计准备

设计前的准备主要是对相关资料的搜集和主要问题的整理与提炼以及设计时间的规划等。

（一）相关资料的搜集

在设计准备工作中，收集相关资料是至关重要的一步。这包括研究国内外同类设计的现状和前沿情况。通过对这些资料的搜集，设计团队可以了解行业的最新趋势、创新点以及其他设计师的成功经验和独特设计。这有助于在设计中获得灵感，拓展设计思路，从而创造出更具前瞻性和独创性的作品。资料搜集可以包括对类似项目的案例分析、行业报告、相关研究论文以及设计展览等。这些信息将为设计团队提供丰富的背景知识，使他们更好地理解设计的上下文，为创造出符合时代潮流且有独特性的设计奠定基础。设计团队还可以通过参与行业活动、拓展人脉关系等方式，获取更实时和直接的设计信息。这样的资料搜集过程有助于激发创意，为后续的设计工作提供有力支持。

（二）主要问题的整理与提炼

设计准备阶段的详细步骤和流程至关重要。在接受委托任务书或者准备投标时，明确设计期限、签订合同以及考虑各个工种的配合与协调是确保项目顺利进行的基础。同时，对设计任务的使用性质、功能特点、规模、等级标准等方面的明确，有助于为设计工作制定明确的目标和方向。

熟悉设计规范、定额标准以及对现场的调查踏勘和同类型实例的参观，都是为了更好地理解项目需求和确保设计符合相关标准。签订合同或制定投标文件时，考虑设计进度安排和设计费率标准是保障过程的关键。这样的详细准备工作有助于设计团队更好地理解项目背景和要求，为设计工作提供坚实的基础。

另外，空间尺寸的测量和放图是确保设计准确性的基础，特别是对于设计空间的详细测量以及对测量结果的核对和修正，可以避免后续设计过程中的不必要的错误和问题。在与现场实际情况相符合的基础上，进行后续的设计工作，有助于提高设计的可行性和实用性。

（三）设计时间的规划

设计时间的规划对于项目的顺利进行至关重要。明确方案阶段的完成时限能够有效地提高工作效率，确保设计工作按照既定计划有序进行。同时，对要解决的具体内容进行明确，有助于设计团队集中精力，有针对性地进行设计工作。在设计时间规划的过程中，设计师需要考虑项目的复杂性、规模以及各个设计阶段的工作量。合理的时间规划不仅有助于确保设计质量，还能够在项目周期内完成设计任务，满足甲方的需求。设计师可以根据经验和项目的具体情况，设立合理的阶段性目标和截止日期，确保设计工作有序推进。总体来说，设计时间的规划是整个设计过程中的一个重要环节，它直接关系到设计项目的进度和质量，需要设计团队充分协作，合理安排时间，确保每个设计阶段都能够得到充分的关注和深入思考。

第二节　方案设计阶段

方案设计阶段可以说是整个设计过程中的关键节点。在这个阶段，设计师需要将前期准备工作中收集的信息和资料进行深入的分析和综合，以形成创新性、有个性的初步设计方案。这个过程不仅需要设计师具备扎实的设计理论知识，还需要发挥创造性思维，将各种元素有机地融合在一起，形成具有独特氛围和意境的设计构想。方案设计阶段的任务不仅仅是满足基本的功能需求，更要在此基础上注入独特的设计理念，体现设计师的个性和专业水平。在构思整体空间和部分空间的功能划分时，设计师需要充分考虑业主的要求，同时将自己对空间的理解和创意巧妙地融入设计中。空间意境、格调和环境气氛的构思需要贯穿整个方案设计过程，确保设计在形式美观的同时，也能达到预期的氛围效果。这个阶段的工作要求设计师具备系统性思考的能力，能够在各种设计要素之间建立良好的平衡关系，使得整体方案既符合基本要求，又能够给人带来独特的感受和体验。最终确定的总体意象将为后续的详细设计提供坚实的基础。

方案设计阶段具体分为以下几个步骤：

一、设计方向的确立

在设计的初步阶段，首先需要对整体的设计思路进行整理，明确空间的基本概念和设想以及期望创造的整体氛围和感觉。这一阶段的工作包括对前期调研结果、甲方的需求、环境特点和空间条件等进行详细梳理，确立设计的预期目标。根据自己的初步思路，收集和对比一些参考图片，研究它们的设计优缺点，以确定自己的基本方向。

在这个阶段，设计师需要与甲方进行协调沟通，清晰地传达自己的设计想法和思路。有效的沟通有助于确立大致的设计方向，获得甲方的初步认可。之后，设计师可以通过图纸等方式进一步深化设计，以期达到预期的效果。这个过程是一个逐步深入的过程，需要设计师在与甲方的沟通过程中不断调整和优化设计方向，以确保最终设计结果符合双方的期望。

在设计的初步阶段，工作主要聚焦在构思和思考设计方案上。通常情况下，设计方案的构思经历了由模糊到清晰、由简单到复杂的过程。设计师在构思初期，想法可能相对抽象和单一，随着思考的深入，设计方案逐渐充实和丰富。这个过程可以描述为从少到多再到少的阶段。即构思开始时，想法可能比较模糊和有限，然后逐步进行思路开拓，使设计方案更为多样化和具体。最终，在方案定案时，设计师会精心推敲，去除多余的元素，做到精简而富有内涵。在这个过程中，设计师需要不断放松和收敛，既要敢于尝试新的想法，又要有取舍的智慧，确保最终设计方案既有创意，又实用可行。

一旦设计方向确立，就可以进行具体的图纸分析和绘制工作。在这个阶段，草图是主要的表达工具，包括平面布局草图、空间透视草图以及预想效果草图等。这些草图有助于在图纸上清晰地表达设计思想，展示设计的整体结构和空间布局。通过草图形式，设计师可以更直观地呈现设计的概念和预期效果，为后续的详细设计工作提供基础。在这个阶段，设计师的创造性和表达能力得到了充分的发挥。

二、草图分析绘制

草图设计是一种极具综合性的过程，承担着将设计构思转化为具体设计成果的首要职责，同时也是连接各方面构思与实际的纽带。无论是关于空间布局、色彩规划，还是装饰元素的细思，都可以通过草图的形式予以呈现。对于设计师而言，草图的绘制过程实际上就是其思考的过程，从抽象思考逐步转向具体图形思考的必由之路。

在草图分析阶段，构思的关键方法是通过反复绘制各类设计草图，包括平面布置草图、立面形式草图以及透视效果草图等，同时结合参考资料及国家设计规范进行反复推敲和比较，逐步深化设计方案。在此过程中，需要关注功能、技术和美学等各方面因素之间的辩证关系。草图构思可从平面、立面或透视等不同角度入手，但始终需要调整各方面的主次、互补和有机统一的关系。在日常设计工作中，一个优秀的设计构思或创意起初往往并不完整，可能只是一个粗略的想法。通过设计者的不断思考、配合大量的设计草图，经过反复推敲，优秀的设计构思和创意才能得以逐渐深化和完善。

（一）平面布局草图

在室内设计中，由于空间面积是固定的，各种活动需要在有限的空间内进行，而每种活动对空间的需求各不相同。因此，需要对整体空间进行科学规划与设计，明确各部分的功能，以避免相互干扰和影响。在进行平面布局分析时，首要任务是进行整体空间的功能划分，以确保空间得到有效利用。这需要在设计初期通过制作平面布置草图，分析和规划平面布局和功能分区，选择最合理和适宜的方案。

平面布局主要关注的是室内空间的功能性问题。在建筑内部进行空间规划时，室内设计的平面功能分析是基于人的行为特征来进行的。这种布局通常以动态区域和静态区域的形态呈现，包括功能区分、交通流向、家具位置、装饰摆设、设备安装等多个方面。这些因素在室内空间中相互作用，可能会产生各种矛盾。因此，协调这些矛盾，以实现最佳的平面功能配置，是草图设计的主要任务。为了找到理想的平面配置，需要进行大量草图设计并反复比较。

平面布局草图在普通人眼中可能仅被视为由线条、家具符号和设备符号等元素构成的图像。然而，实际上，平面图所呈现的是立体三维空间。换言之，平面图的绘制是对室内空间进行规划的过程，这充分体现了平面布局在室内设计整体中的重要性。

在完成测量和绘制图纸的工作之后，通常会进行平面图的复印，或者直接将图纸覆盖在平面图上，以此为基础进行平面配置的规划草图的制作。在这个过程中，我们需要考虑各空间的用途，并根据动静、公共与私密、主要空间与辅助空间等因素进行不同区域的划分。接下来，我们需要进一步考虑各空间的组成、大小和用途，这个过程应该根据甲方或业主提供的使用资料和需求进行规划。

对于平面功能的规划，特别是涉及大型公共空间，通常需要进行多次优化和比较。在这个过程中，需要详细检查多个平面布局草图，并对其进行修正，最终绘制出 1 至 3 个平面布局草图。然后，我们需要与业主进行沟通并解释这些方案，以便选择一个相对完善且最符合业主需求的方案。在沟通协调的过程中，除了使用口头叙述和相关资料与材料的说明外，使用透视草图也有助于更好地阐述我们的设计理念，使设计者能够更深入地了解甲方或业主对室内空间的要求和品位。只有与甲方或业主充分沟通协调后，我们才能进一步修正或确定最终方案，并完成平面布局图。

在确定平面布局图之后，需要考虑各空间之间的空间形式和分隔方式。不同的空间分隔方式会影响空间的层次和生动性。空间分隔方式的选择在室内设计中具有重要的影响，不仅涉及空间的使用效果，还关系到用户的舒适感和生活体验。不同的空间分隔方式带来不同的氛围和体验，因此在设计中需要根据具体情况和用户需求进行合理选择。封闭式隔间，即全隔间，通过砖墙、木制、石膏板等材料将空间完全分隔，视线被完全阻隔，强调空间的私密性和隔声效果。这种方式适合需要明确隐私边界和较高隔音性的场景，如卧室、办公室等。半开放式（半封闭式）隔间是一种局部隔间方式，通过隔屏、透空式的高柜、矮柜、透空式的墙面等来分隔空间，视线可以相互透视，强调相邻空间之间的连续性与流动性。这种方式适用于需要一定私密性但又希望保持空间流动性的场景，如客厅与餐厅之间的分隔。开放式隔间，又称象征式隔间，通过建筑架构的梁柱、材质、色彩、绿化植物等来区分空间，其空间的分隔性不明确，但透过象征性的分隔，在心理层面上仍然感知为两个独立的空间。这种方式适用于希望营造通透感和统一感的场景，如开放式办公区域。弹性隔间介于开放式隔间和半开放式隔间之间，可以利用暗拉门、拉门、活动帘、叠拉帘等方式分隔空间，适用于需要在特定时刻改变空间布局的场景，如和室兼起居室的设计。在考虑空间分隔时，除了动线流畅和人体工程学的因素外，还需要综合考虑空间的自身条件，如梁柱、窗户、空调位、采光以及户外景观因素等，以达到合理布局和良好的使用体验。

（二）空间透视草图

空间形象构思是室内设计中一项重要的任务，它体现了设计师的审美意识和对空间艺术创造的理解。在概念设计阶段，空间形象构思和平面功能布局设计相互辅助，共同塑造出空间的整体氛围和艺术风格。在构思空间形象时，设计师应该摆脱限制，从多个角度入手，迅速将创意转化为图像，以便从众多的设计方案中找到符合需求的最佳方案。室内空间是由界面围合而成的相对封闭的空间虚拟形体，因此，在构思空间形象时，重点应该放在空间虚拟形体的塑造上。同时，需要协调建筑构件、界面装修、陈设装饰、采光照明等各个方面，以创造出整体艺术氛围。在构想阶段，设计师通常会使用徒手绘图的方式，绘制大量透视图。透视图从不同角度展示空间，通过选择不同的材料和构造造型进行比较，有助于设计分析，检查预想效果，推敲构造物之间的过渡关系，分析细部结构大样，检验设备系统的安装与装修结构的配合关系等。透视草图的直观性有助于理解空间中各个元素之间的关系，确保它们呼应与联系。这是一个创意和审美并重的过程，为后续的空间设计奠定了基础。

透视草图的绘制是设计师设计表达能力的关键体现之一。设计师需要具备通过透视图清晰传达设计构思的技能，因为室内设计透视图是根据透视原理制作的，只有这样才能更接近实物，准确地展示设计的想法和概念。

常见的室内设计透视图包括一点透视图、成角透视图和鸟瞰透视图等。这些透视图的选择取决于设计师想要突出的空间特征和观察的角度。一点透视图通常用于突显特定区域或元素，成角透视图则可以呈现更广阔的空间，而鸟瞰透视图则提供了俯视整个空间的视角。

通过透视图，设计师可以以更生动的方式向甲方或业主展示设计的概念，让其更好地理解设计构思，包括空间形象、布局和各个元素之间的关系。透视草图在设计过程中起到了沟通和协调的重要作用，有助于确保设计理念得到准确的传达和理解。

（三）预想效果草图

在方案设计阶段后期，设计师为了更好地展现设计的空间效果和色彩、材质的运用情况，通常会将设计透视草图加入相应的色彩和材质感觉，从而制作出室内空间预想效果草图。这一阶段的工作着重考虑平面布局的关系、空间的处理、材料的选用以及家具、照明和色彩等方面的要素。通过在透视草图中添加色彩和材质，设计师可以更直观地呈现设计构思，使透视草图更接近实际效果和氛围。空间预想效果草图的制作通常采用水彩、水粉、马克笔、喷绘等不同的表现技法，也可以利用电脑软件来制作电脑效果图。尽管手绘效果图能够赋予设计更多的灵气，但电脑效果图更能准确再现设计者的想法，为甲方或业主提供更真实的感受。当前，电脑软件在制作空间效果图方面得到广泛应用，它们能够提供更精确和逼真的效果，使设计者更灵活地表达设计构思，同时也为设计师提供了更高效的制图工具。

三、方案沟通与确认

在设计方案的最后阶段，与甲方进行有效的沟通是至关重要的。设计师需要对方案的实际可行性进行分析，并向甲方阐述方案的优缺点，同时提出对方案中可能存在的问题的进一步建议。这有助于在沟通中确定大致的设计方向和概念，为进一步的深度设计与分析奠定基础。草图的绘制是在方案设计中进行分析与比较的重要手段。通过对不同构思的几个方案进行功能、艺术效果和经济等方面的比较，设计师可以确定正式实施的方案。这一阶段的目标是在与甲方的充分沟通和比较分析的基础上，明确最终的设计方向。最后，在确定方案的整改并对装修结构进行分析的同时，设计师需要对设计空间中的材料、产品、设备进行多方位的选用和分析。与甲方对造价要求进行进一步的核定是确保设计方案的可行性和符合预算要求的重要一环。这一过程的目的是为了最终制定出满足甲方需求的、实际可行的设计方案。

第三节　施工图设计阶段

施工图设计阶段是初步设计方案经过审定后的进一步深化阶段，具有双重作用。首先，它是设计概念思维的深化，有助于进一步明确和细化设计方案。其次，施工图设计是设计表现的关键环节，提供了施工的科学依据。在施工图设计中，标准起着重要作用。标准是施工的唯一科学依据，确保设计的实际可行性。即使设计概念再好，表现再美，如果脱离了标准的控制，会导致设计与实际施工不符。施工图设计作业主要以“标准”为内容，着重于材料构造体系和空间尺度体系。施工图与方案相比，更注重尺寸的精确和细节的详尽，尤其是一些特殊的节点和做法。剖面详图是表示重要部位的有效方式，因此要求对构造和施工知识有一定了解。在施工图设计中，平、立面图的精确性至关重要，要符合国家制图规范。室内平面图需要表现包括家具和陈设在内的所有内容，而立面图也可能表现固定家具，因此标注要准确、详尽。

施工图纸是表述设计构思、指导生产的重要技术文件。在室内设计中，施工图设计阶段需要绘制出一系列图纸，包括平面布置图、天花平面图、装修平面图、立面展开图、剖面详图、预想效果图等。此外，还包括构造节点详图、细部大样图、设备管线图以及编制施工说明和造价预算。这些图纸和文件是确保设计方案顺利实施的关键。

一、平面布置图

在绘制平面图的过程中，首要步骤是根据建筑物的规模及设计内容来确定图幅和比例。建筑设计图和现场踏勘结果是制图的基础，需要精确绘制固定不变的建筑结构、管道间、管道、配电房、消防设施等元素。这将有助于清晰地展示室内建筑配置关系。

根据建筑物规模及设计需求，确定适当的图幅比例，以确保设计内容的准确表达。依照设计要求与构思，遵循间隔、装修构造、门窗、家具布置等顺序进行绘图。确保各项元素均被完整绘制并详细标注。绘图结束后，进行准确标注与说明，以便人们能迅速理解空间的规模及概貌。标注内容涵盖尺寸标注（外形、轴线、结构、定位、地坪标高等）、符号标注（轴线、指向、索引、指北针等）及文字标注。编写所有单元空间的名称与编码，装修构造的名称，主要地面材料，提供设计说明，包括主要材料的选用、施工工艺要求、关键尺寸的控制、安装尺寸的调整等。标注的准确性与简洁性对于传递设计信息起着至关重要的作用。清晰的标注与说明有助于确保图纸的准确性和可读性，从而为后续的施工工作提供指导。

二、天花平面图

天花平面图确实是室内设计中非常关键的一部分，它通过镜面反射的方式展示了天花的设计构想。在这张图中，客户可以清晰地了解天花板的造型、尺寸、采用的材料以及各种设备的布局。这对于确保设计符合客户的期望、满足审批要求并提供施工指导都至关重要。天花的设计不仅仅是为了美观，还涉及实用性和功能性。通过隐藏设备和管线，天花可以创造出更整洁、统一的室内环境。灯具、空调风口、消防设备等的位置安排也需要考虑光线、通风、安全等方面的因素。在天花平面图中，清晰的标注和说明对于传达设计意图、协调施工过程以及后期的维护和管理都非常有帮助。通过这个图纸，客户和施工人员可以更好地理解设计师的构想，确保设计理念得以贯彻实施。

绘制天花平面图的确需要充分的信息和数据，尤其是与建筑结构、设备管线以及其他设计要素相关的资料。这些数据是确保天花设计准确、符合规范和实用性的基础。按实际位置绘制设备和设施以及对天花板造型和装修构造的详细表达，对于传达设计意图和为后续施工提供指导都非常关键。这样的细致表达能够帮助客户和施工团队更好地理解设计构想，从而达到设计师所期望的效果。同时，要考虑到天花设计需要满足强制性设施的要求和各项技术条件，这也强调了天花平面图在整个室内设计中的重要性。通过这个图纸，可以清晰地展示天花板的功能性和美观性。总体而言，天花平面图是室内设计的一个关键环节，通过它设计师能够将创意和构想转化为实际的、可施工的方案，确保设计的实现和效果的达到。

标注是确保图纸准确传达设计信息的重要步骤，尤其是在室内设计中，对于天花平面图的标注更显得至关重要。尺寸标注包括外形尺寸、轴线尺寸、结构尺寸、定位尺寸、天花标高等。这些标注应该清晰、准确，以确保不同专业和工种都能理解和遵循。符号标注包括轴线符号、剖面符号、索引符号等。这些符号是图纸上的重要指引，帮助读者更好地理解设计的要求和构造。文字标注包括标注主要的装修材料和施工工艺要求以及说明关键尺寸的控制、安装尺寸的调整等。文字标注提供了对图纸内容更深层次理解的说明。为了统一理解，图例表是非常重要的。它详细说明了图纸上使用的各种符号和图形的含义，包括设备和设施的规格、数量等，这有助于确保各方在阅读图纸时具有一致的理解。在进行标注时，清晰度和一致性是关键。标注的信息应该足够详细，以便各专业和工种都能正确地理解和执行。标注的风格和格式也应该符合相关的规范，以确保图纸的专业性和可读性。

三、装修平面图

装修平面图是室内设计中的一项关键设计图，主要用于装修施工设计和地面细部设计。装修平面图包括原结构图、结构改造图、地面铺装图、电位控制图等。这些图纸共同构成了装修平面图的全貌，提供了对装修施工和地面设计的全面指导。装修平面图的设计依据主要是平面配置图和实地复核的测量资料。这确保了设计的准确性和一致性，使得图纸能够真实地反映实际的空间状况。装修平面图首先关注地面铺贴的设计，这包括了设计的形式、材料规格、施工工艺、经济性等因素的全面考虑。通过基准线和尺寸链的绘制，确定了铺贴的定位和尺寸。每个铺贴空间都应考虑留有调节尺寸，确保灵活性和适应性。同时，固定尺寸的明确定位也是设计的关键。在地面设计中，考虑使用的材料种类和其特性是至关重要的，这包括了材料的质地、颜色、耐久性等方面。标注地面设备设施的配置也是装修平面图的一部分，这包括地漏、水沟、散水方向和坡度、地平高差等重要信息。通过这些设计和标注，装修平面图能够提供清晰的指导，确保施工的顺利进行，同时实现设计的理念和效果。

在装修平面图的标注过程中，确保标注的清晰准确是至关重要的。标注应该以清晰和准确为原则，以便读者能够迅速理解图纸内容。这对于施工和其他相关工作的进行至关重要。标注的顺序应符合施工的实际顺序，使施工人员能够按照一定的流程进行工作，提高施工效率。尺寸标注需要充分考虑现场施工和工艺要求，避免尺寸的重复计算或重新测量。外形尺寸、轴线尺寸、结构尺寸、定位尺寸、地平标高等都应该被准确标注。符号标注涉及轴线符号、索引符号、指北针等。这些符号的使用应当简明扼要，以确保施工人员能够轻松理解。文字标注包括保留单元空间的名称和编码、面材料及规格的标注、设计说明的编写等。这些文字标注是对图纸内容的详细解释，对于施工和后续的工作都具有指导作用。通过清晰准确的标注，装修平面图能够成为一份可靠的设计文件，为施工提供明确的指导，同时确保设计的理念和要求得以贯彻。

四、立面展开图

在室内设计中，立面展开图是一个至关重要的部分。这种图表清晰地展示了室内墙面的装修和构造，包括门窗、壁橱、隔断、墙面、装饰物等的设计细节，如设计形式、尺寸、位置关系、材料和色彩运用等。通过这样的图表，我们可以有效地控制空间的尺度和比例，呈现室内装修构件的规格、尺寸、材料和工艺，以满足组织和施工的技术需求。

立面展开图的设计基于平面配置图、设计预想图和原建筑剖面图，同时考虑了现场的实际测量数据，如门窗、墙柱、管道、消防设施和暖气片等。图中通常以室内空间的左墙内角到右墙内角表示宽度范围，以地平面到天花板底的距离表示高度。在传达室内空间各个界面时，我们通常以中央为观察点，顺时针方向分别表示 A、B、C、D 立面方向，对应于 12 点、3 点、6 点和 9 点钟的方向。这种方式有助于有序地展示建筑物内部的各个面，当然，对于不规则的室内空间，我们也可以灵活应对，不受固定方向的限制。

在绘制立面展开图的过程中，首先需要确定设计范围，准确描绘所需呈现的图形，并按照面的范围顺序绘制相关的门窗和洞口。接下来，进行立面设计时，需要优先考虑固定构件，如门窗、壁橱、墙柱、暖气罩、墙裙、墙面装饰、地脚线、天花角线等的位置和设计。同时，对于陈设物品，如壁灯、开关、窗帘、配画等的设计也不可忽视。对于需要分格的面，如面砖、玻璃、装饰物等，必须根据实际情况进行绘制。在立面展开图的标注中，主要反映图形高度和相关尺寸，要清晰准确地说明设计内容。标注应符合阅读和施工的顺序，并充分考虑现场施工和工艺要求。具体来说，尺寸标注涵盖总高尺寸、定位尺寸、结构尺寸等；符号标注包括轴线、剖面、索引等；文字标注则包括所有饰面材料及规格。最后，需要编写设计说明，详细说明主要材料的选择、施工工艺要求、关键尺寸的控制、安装尺寸的调整等重要事项。这些内容需用严谨、稳重、理性、官方的语言进行表述，以确保信息的准确性和可读性。

五、剖面详图

剖面详图主要用于展示装修过程中的材料使用、安装结构、施工工艺以及详细尺寸，它为我们提供了理解和分析装修细节的重要视角。通过剖面详图的设计以及对装修细节的材料、结构、工艺的深入分析，我们可以制定出满足设计要求、符合施工工艺、同时实现最佳施工经济成本的方案。因此，剖面详图不仅是控制施工质量的重要依据，也是指导施工操作的关键指南。

剖面详图的制作基础主要依赖于建筑装修工程的相关标准、规范和实际应用以及室内设计中需要详细展示的特定部位。通常情况下，为了对需要详细说明的部位进行索引标注，我们会在绘制装修平面图、天花平面图、立面展开图时进行剖面详图的制作。这些详图既可以附在当前图纸上，也可以单独制作成图或在标准图表中展示。剖面详图涵盖了反映安装结构的内容，包括安装基础、装修结构、装修基层、装修饰面的结构关系等，例如墙裙板、门套、干挂石墙等的安装。此外，剖面详图还展示了构件之间的关系，表达了构件与构件之间的连接方式，例如石材的对拼、角线的安装等。同时，剖面详图还揭示了细部做法，展示了细部的加工方式，比如木线的线型、楼梯级嘴的处理等。为了确保剖面详图能够清晰明了地表达设计意图，我们通常采用 1：1 至 1：10 的比例进行绘制。这样的比例能够精确地展示细节，同时保证图纸的可读性和易于理解。

制作剖面详图要求具备扎实的工法、材料、工艺等专业知识，充分了解施工和生产过程，具备良好的设计能力；同时，应能熟练运用标准的、专业的图形符号，将图样进行详细且清晰的呈现。在绘制剖面详图的过程中，可能会发现一些安装技术难题或需要调整的尺寸，这些问题应及时追溯到前期设计图进行调整。

剖面详图的标注应注重安装尺寸和细部尺寸的标示，因为它们是指导生产和施工的重要依据。该标注详细展现了大样的构造、工艺尺寸以及细部尺寸等关键信息。对于所需的材料和工艺，剖面详图上应详细标注并进行说明。这些标注必须清晰准确，且符合阅读图纸和施工的顺序。在尺寸标注时，应充分考虑现场施工和相关工艺的要求。这些标注包括尺寸标注、符号标注和文字标注。其中，尺寸标注涵盖构造尺寸、定位尺寸、结构尺寸、细部尺寸和工艺尺寸等。符号标注则包括剖面符号、索引符号等。而文字标注则应注明所有安装材料的名称和规格、施工工艺的要求、关键尺寸的控制、安装尺寸的调整等信息。

六、预想效果图

设计师在完成设计后，应制作预想效果图以展示整个设计的预期效果。该图应包括空间尺度感、装修风格和文化内涵、环境氛围、材料和色彩运用以及主要构造物的形式等方面的内容。预想效果图可以是手绘透视图，也可以是使用工具或计算机辅助绘制的电脑效果图。透视图作为室内设计制图的重要组成部分，应与工程图表达的内容一致，并尽可能反映实物的实际情况。

预想效果图是依据室内设计的所有基本资料制作而成，包括平面配置图、天花平面图、立面图以及现场测绘等。通过运用透视原理，我们绘制出透视图，展示物体的三维空间，使设计更加直观、具体且易于理解和接受。预想效果图对设计内容进行深入细致的分析，有效地展示了设计的预期效果，是最佳的图形表达方式，有助于设计实施、与客户交流以及对工程施工的理解。在制作预想效果图时，我们需要确保主题明确，切中要点，绘图精细、简洁、准确，避免盲目罗列和堆砌。

在完成施工图各类图纸的绘制后，设计师应提供相应的材料样板，以进一步明确施工材料及各种产品的品牌、规格。各专业需相互校对施工图，经审核无误后，方可作为正式施工的依据。在甲方、设计师和施工方三方确认签字后，方可开始施工，进入设计实施阶段。在此期间，设计师需确保施工图的准确性和完整性，并密切关注施工现场的情况，以确保设计的实施与预期相符。

第四节　设计实施阶段

在设计实施阶段，也就是工程的施工阶段，室内工程在开工前需要进行技术交底。设计人员应在建设单位（客户）的组织下向施工单位详细说明设计意图，并进行图纸的技术交底。这包括对设计意图、特殊做法的说明，对材料选用和施工质量等方面的要求。工程施工方需要按照图纸的要求核对施工实况，有时候还需要根据现场情况提出对图纸的局部修改或补充。在施工结束时，设计人员将与质检部门和建设单位一同进行工程验收。

为了确保设计取得预期效果，室内设计人员必须抓好设计各个阶段的环节，充分重视设计、施工、材料、设备等各个方面。设计人员还需要熟悉并重视与原建筑物的建筑设计、设施设计的衔接，确保室内设计与整体建筑一体协调。同时，设计人员还需要协调好与建设单位和施工单位之间的相互关系，达成共识，特别是在设计意图和构思方面，以期取得理想的设计工程成果。这种合作和沟通是确保设计方案能够成功实施的关键。

一、现场交底与材料进场

现场交底是确保设计方案成功实施的重要环节。设计师在开工之前亲自到现场，与施工工人进行面对面的交流和解释，将设计方案中的施工要求详细讲解给施工人员。这包括墙体拆改的位置、具体要求以及其他需要特别注意的地方，如材料的使用、施工工艺的要求，可能的调整等。通过现场交底，设计师能够直接传达设计意图，解答施工人员可能遇到的问题，并确保他们对施工要求有清晰的理解。这种面对面的交底可以有效地弥补图纸和文字说明的不足，减少误解和施工偏差的发生。设计师通过现场交底能够与施工人员建立更密切的沟通和合作关系，确保设计的精髓能够得到充分体现，最终取得理想的设计工程成果。

二、具体施工分类与进程

进入具体施工阶段后，根据施工图纸进行相应工种的分类施工是常见的做法。室内设计的施工工种通常包括水暖工、电气工、木工、瓦工、油漆工等，每个工种都有其特定的工作内容和职责范围。在施工过程中，这些工种需要相互合作和衔接，按照施工流程有序地进行各自的工作。例如，水暖工负责安装水管和设备，电气工负责电气线路的布置，木工进行木质构件的制作和安装，瓦工负责瓷砖、地板等的铺设，油漆工进行墙面和木质构件的涂装等。通过有序的工种分类施工，可以提高施工效率，确保各个环节的协同配合。同时，也有助于减少施工过程中的交叉干扰，确保每个工种都能够按照设计要求完成相应的任务，最终实现设计方案的成功实施。

三、施工检查与竣工验收

在室内装饰设计工程的整个施工过程中，设计人员应与建设单位代表共同参与施工监理工作。建设单位代表可由专业公司担任。施工监理工作包括监督施工方在材料选用、设备订购、施工质量等方面的工作，完善设计图纸中未完成部分的构造做法，协调处理各专业设计在施工过程中产生的矛盾，处理局部设计的变更或修正，按阶段检查工程质量，参与工程竣工验收等环节。通过严谨、稳重、理性、官方的语言风格，确保改写后的内容保持与原文一致的含义，同时更符合正式、专业的表达方式。

施工验收是整个施工过程中的关键环节，涵盖了多个方面的内容，包括材料验收、隐蔽工程验收、防水工程验收以及工程质量验收等。该过程通常分为几个阶段进行，包括分阶段验收、工程中期验收以及工程竣工验收等。通过这些阶段的验收，可以确保施工过程中的质量、安全等方面得到了有效的控制和管理。

为确保施工中的材料质量，首要任务是进行施工材料的验收。施工材料由主材和辅料两大部分组成。主材涵盖了瓷砖、地板、洁具、灯具、橱柜等饰面产品和材料。而辅料则指装修施工过程中使用的板材、墙面胶漆、墙面腻子、乳胶、轻钢龙骨、石膏板、水电用料以及水泥沙子等辅助材料。材料验收需要在材料进场时，由客户和质检员共同进行检验确认，核查品牌及环保指数等，以确保施工后的质量安全，预防使用假冒产品。这一步骤是保障工程质量和客户满意度的关键。

在室内装饰设计中，隐蔽工程是一项至关重要的环节，它涵盖了给排水工程、电线管线工程、地板基层、隔墙基层、吊顶基层等多个方面。对这些隐蔽工程进行严格的检验，是保证施工质量不可或缺的一步。在给排水隐蔽工程的检验过程中，我们需要验证给水管线是否漏水，地面排水是否畅通无阻以及防水层的防水性能是否达到标准。电线管线工程的检验则包括检查 PVC 管线的连接是否紧密，PVC 管或护套线是否正确埋设。地板工程的检验涉及地面水泥找平层是否达到标准，实木地板等的木龙骨是否牢固，并确保进行了防火、防潮处理。隔墙工程的检验需要确认轻钢龙骨隔墙中是否放置了隔声材料，水泥压力板包柱是否挂上钢丝网，并对是否进行了水泥拉毛处理进行检查。吊顶基层的检验涵盖了吊顶内木龙骨和吊杆是否刷涂了防火涂料，吊顶内的管线是否牢固固定等。只有通过这些详细的检验步骤，我们才能及时发现并解决隐蔽工程中可能存在的问题，确保施工的各个方面都符合设计要求，从而最终实现设计方案的顺利实施。

（一）水工施工与验收标准

在验收中，要根据验收标准和验收规范进行检查和验收。水工程防水层施工要达到以下几点标准：

（1）上下水管的安装应合理，要求横平竖直，管线不得靠近电源，与电源的最短直线距离为 200mm。管线与卫生器具连接应紧密，并经过通水试验，确保无渗漏。

（2）对于已有聚氨酯防水层的一般成品房屋，在施工中建议重新进行一次防水处理。虽然聚氨酯防水层通常由施工单位完成，但在安装卫生间或其他设备时可能会被破坏。因此，最好再进行一次防水处理，以确保防水效果，避免渗漏。目前常用的高效防水材料是丙烯酸防水涂料，具有抗老化、无污染、韧性好等优点，性能比聚氨酯防水涂料更为出色。

（3）厨房、卫生间等有水空间的找平层应设定约2%的坡度；防水自找平层向墙面翻高300毫米，淋浴间及邻近防水要求墙面翻高1800毫米。防水涂料应完整覆盖，与基层稳固黏合，无气泡、无裂纹、无脱层，表面平整。卷起部分的涂刷高度基本一致且均匀，厚度应满足产品规定要求。

（4）在完成防水施工后，必须进行闭水试验以验证防水层的防水功能。闭水试验是在已完成防水的空间内，将下水口暂时封堵，随后在房间内注入一定量的水，并在一定时间内检查该空间是否存在漏水或渗水现象。为了确保试验的准确性，蓄水层最高点的深度不得少于20mm，且蓄水时间不应少于24小时。通过闭水试验，可以验证防水层的防水功能是否正常。

（5）水管铺设必须确保管道支架安装平稳牢固，阀门进出口方向应正确无误，连接处应紧密且稳固。任何管道都不应出现渗漏现象，地漏排水必须保持通畅。同时，给水横管应设置具有一定坡度的泄水装置。在室内给水管道穿越吊顶、管井等区域时，若管道结露可能对使用产生影响，必须采取防结露保温措施。

（二）电工施工与验收标准

电力工程分为强电和弱电，其中强电指的是照明电，而弱电主要包括电视、网络、电话、背景音乐等通信线路或信号线路。

（1）在电力施工的过程中，当地面电路铺设完毕后，为确保PVC管道的安全，需在其两侧设置木方或采用水泥砂浆建设护坡。考虑到厨房、卫生间等潮湿环境及其中涉及的接地保护电器较多，我们需要在此类空间中安装密封性能良好的防水插座和三孔插座，同时建议将开关安装在门外开启侧的墙体上。

（2）对于强电的埋墙布线，要求电源线在埋入墙内、吊顶内、地板或地砖内时必须采用PVC管，以保护导线不受损伤。导线在管内应保持顺畅，避免接头和扭结。在安装过程中，电线保护管的弯曲处应使用专门的弯管工具或弯头，以确保管路平滑，不会产生折皱。当承重墙不允许开槽时，我们可以采用直接埋设护套线的方法。但需要注意的是，护套线应采用橡胶护套线，并且必须经过客户的签字同意。如果客户不同意使用橡胶护套线，那么就必须采用明线方式铺设。

（3）在进行吊顶内电源线的布置时，严禁直接裸露走线，必须对电源线进行包装，推荐使用 PVC 管。关于吊顶内的灯位连接管线，可以使用软管导线，但需确保穿线能够在管道中抽动和更换。对于轻型灯具，可以考虑吊挂在主龙骨或附加龙骨上，然而重型灯具绝不能与吊顶龙骨直接连接，需要另外设置吊钩。软线吊灯的重量限制在 1kg 以下，超过此重量应增加吊链。

（4）在电源线需要进行分支的情况下，应采用分线盒进行分线。同时，对于电源线的火线、零线、地线，应分别采用红色、蓝色（或绿色）、花线（双色线）进行标识。对于开关的控制线（电源线或回火线），应分别使用红色线或白色线进行连接，以示区分。禁止使用双色线作为火线，以确保安全和稳定的电气连接。

（5）根据规定，临时用电必须采用护套线，且线盒安装需平直。完成穿线后，线管与线盒需用锁口连接，以确保电线在管内可以自由拉伸。另外，电源线与暖气、热水、煤气管的平行间距不得小于 300mm，交叉间距不得小于 100mm。请严格遵守相关规定，确保用电安全。

（6）弱电线路，例如通信线、音响线、信号线等，应选择线型流畅且取向距离短的类型。在暗管铺设时；水平方向的线路长度不宜超过 30 米，否则需加装过路盒。强电插座与弱电插座之间的间距应确保大于 500 毫米，而强、弱电线不得在同一 PVC 管内走线，以减少电磁干扰和预防安全事故。

（7）根据规定，弱电线与电力线、金属给水管平行布置的间距应不小于 500 毫米，与金属排水管、热水管平行的间距则应不小于 1000 毫米。这样做是为了确保音响、通信信号能够正常传输，并且减少电磁干扰。

（8）PVC 管作为阻燃塑料管线，其穿线数量有明确的限制。具体来说，直径为 20mm 的 PVC 管内最多仅能穿入 4 根电源线，而直径为 16mm 的 PVC 管内最多仅能穿入3根电源线。若超过这些限制，可能会对电路的正常工作产生不利影响。在安装过程中，PVC管的连接必须牢固，不能存在缝隙。此外，当在房屋顶部布置PVC管时，必须确保PVC管与墙顶进行固定。在进行PVC管入线操作时，应使用锁扣将PVC管与线盒进行连接。这些措施都是为了确保安装质量和电路的正常工作。

（9）根据规定，空调线的截面积应根据空调的功率大小进行选择以确保电源安全。根据相关规定，电源线的截面积应选择为 $4mm^2$。

（三）木工施工与验收标准

木工施工主要是骨架处理与新结构的建立，包括隔墙建立、吊顶以及门窗套的制作等，其施工标准主要有以下要求：

（1）吊顶的骨架处理要符合规范，平面、直线造型吊顶和平面部分面积大于 $1.5mm^2$ 的吊顶必须使用轻钢龙骨。对于曲面、立体、弧形造型吊顶以及厚度不符合轻钢龙骨适用范围的吊顶，可以采用木龙骨。木龙骨在安装前必须进行防火阻燃处理，使用防火涂料覆盖木质部分，确保木质不外露。

（2）使用石膏板时，要选择9mm厚度的石膏板。石膏板表面应平整洁净，无翘曲现象。板与板之间应留有3~5mm的缝隙，缝隙需均匀，接缝处的龙骨宽度不得小于40mm。使用专用嵌缝腻子填充并抹平接缝，然后贴上嵌缝带，最后进行面层施工。

（3）设备口和灯具的设置须严格遵循对称分布的原则，确保套割准确且宽度均匀，整体布局合理，且无任何缝隙。对于条形板的接口位置，应采取有序排列的方式，而异型板的排放也应合乎逻辑。此外，吊顶罩面的处理须保持平整和干净，板面的精度要确保无误，且无翘曲和碰伤的情况。同时，无色差、无缺棱、掉角等损伤，更不得出现气泡、起皮裂纹等现象。在接口和阴阳角的压边处理上，必须保持紧密，且接缝要顺直且紧密。

（4）隔断墙龙骨架的边框龙骨必须与基体结构连接牢固，保持表面平整垂直，位置准确无误。轻钢龙骨的骨架应设置天、地龙骨，并采用钢钉或射钉进行稳固固定。当隔墙遇到门洞口时，门洞口位置需进行加强处理以增强支撑。龙骨的搭接处不得有明显的错位，各接点必须稳定、严密且无松动现象，连接件应正确安装以确保整体结构的稳定性。

(5) 隔断墙的罩面板表面应保持平整和清洁，接缝应位于龙骨的中央位置，且宽度均匀。压条应平直，接缝处应用腻子填充并抹平，然后贴上嵌缝带。罩面板的颜色应一致，无锈蚀、麻点、缺角、掉棱等现象，也不得存在气泡、起皮、裂纹等缺陷。罩面板的平整度误差应小于3mm。轻质隔墙与顶棚以及其他墙体的交界处应采取防开裂的措施。当石膏板用于隔墙罩面时，应根据场所要求（普通、耐水、防火）进行严格区分，并使用12mm厚的石膏板进行封板。罩面板与龙骨的连接应紧密稳固，固定时必须使用均匀分布的自攻螺丝钉，并确保与板面保持垂直。最后，钉帽应涂刷防锈涂料以防止锈蚀。

(6) 玻璃隔墙的接缝应保持平直，不得出现裂痕、缺损或划痕等瑕疵。表面应保持一致，平滑整洁，美观清晰。在安装玻璃砖时，表面平整度的误差应小于3mm。同时，顶角线条的安装应与墙面、天花保持贴合，采用45°坡接或半圆槽前后相接的方式进行安装，以确保表面光洁、接缝紧密，且在同一水平线上，水平高差应小于3mm。此外，还应保持顺直度，接缝处理得体，颜色无明显色差，连接处无错位、无接痕、无高低差等要求。

(四) 瓦工施工与验收标准

瓦工工程主要是负责墙地面的贴砖、墙体砌筑、隔断墙施工及造型墙的施工，其施工标准有以下几点：

(1) 在进行贴砖工程中，应当确保墙面砖的阴角正确地转向，阳角砖则应以45°的角度进行对接。在阳角处，整砖的布局应保持整齐，而窗户两侧应采用整砖或两侧砖大小相同的方式以提升整体视觉效果。非整砖的宽度不应小于整砖的1/3，并且非整砖宜被用于不显眼的地方或阴角处。此外，电盒位置的墙砖套割应保持整齐，同时应尽量保持墙地面通缝的一致性。

(2) 墙砖的空鼓现象应避免整砖出现，边角的空鼓率需控制在5%以内；勾缝部分应保持连续、完整，不得遗漏；贴砖的缝隙应保持均匀一致。墙砖的平整度应在 3mm 以内，立面的垂直度误差需在 2mm 以下。阴阳角的方正标准可通过直角检测尺进行检测，误差需在 3mm 以内。

（3）在水泥压力板封包立管墙贴砖的过程中，必须对基层进行挂网抹灰处理，以预防因基层变化导致的瓷砖等面层脱落。挂网应采用网眼间距为 10～15mm 的钢丝网，使用自攻螺丝钉进行固定，并且确保挂网与原基体的搭接宽度不小于 50mm，并使用钢钉进行牢固固定。此外，对于成品墙石材干挂表面，应确保其平滑，石踢脚线应黏结牢固且表面平整，上口的平整度误差不应超过 2mm。

（4）在进行地面贴砖工程时，厚度应严格控制在 50 毫米以内，同时空鼓率不得超过 5%。此外，对于地面平整度的误差，应确保其不超过 2 毫米，而接缝平直的误差也不得大于 2 毫米。在面层施工过程中，地漏和排水系统的设置需满足排水要求，避免出现倒返水和积水的现象。关于室内楼梯的施工，应确保相邻两步的高低差不超过 5 毫米，同时踏步宽度的差异也不能超过 3 毫米。此外，瓷制踢脚线的接缝处理应光滑密实，且在直角转角处进行 45°拼接。

（5）洁具及配件的安装必须稳固，确保无松动现象。卫生器具的固定应采用预埋件或膨胀螺栓，且坐便器固定螺栓不得小于 M6，坐便器冲水箱固定螺栓不得小于 M10，并需使用橡胶垫和平光垫进行压实。所有用于固定卫生器具的螺栓、螺母、垫圈应采用镀锌件，膨胀螺栓仅限于混凝土板和墙壁，严禁用于轻质隔墙。卫生间内浴盆检修门不得紧贴地面安装，应在距地 20～50mm 处设有止水带，以防止卫生间地面水流入浴盆下。卫生器具的排水口与排水管承口的连接处应紧密无漏，卫生器具的排水管径和最小坡度要符合相关规定。排水栓和地漏的安装要平整牢固，低于排水表面，不得渗漏。五金件的安装位置应正确、对称、横平竖直，无变形、无损伤，外露的螺丝应平卧。特殊或高级洁具的安装应按照洁具厂家的安装标准进行。

（五）油漆施工与验收标准

油漆施工包括工程中家具的油漆施工以及墙面的涂料涂刷，其工程验收标准有以下几点：

（1）在执行油漆现场施工的过程中，必须确保环境温度适宜，并且木制工程、湿作业工程等其他相关工程已基本完成，工地现场无其他工种同时施工。此外，工地现场必须保持整洁，空气中的浮尘必须清除，地面不得有任何杂物或垃圾。在施工期间，现场必须配备灭火器，严格禁止明火，并确保良好的通风条件以及适中的空气湿度。同时，还需避免阳光暴晒。

（2）墙面粉刷涂料工程应满足以下要求：表面平整光洁，颜色一致，刷纹通顺；分色线应平直，不得有明显的披刮腻子、打砂纸所遗留的痕迹；涂料必须坚实牢固，不能出现裂纹、漏刷、起皮、透底、流坠、补刷痕迹；分色线平直度限制为2mm，墙面平整度限制为3mm。因此，墙面粉刷涂料工程需要达到一定的质量标准，以确保工程的外观和质量符合要求。

（3）在壁纸、壁布的粘贴过程中，必须确保面层牢固，色泽一致，不能有空鼓、气泡、皱褶、翘边等现象。同时，从不同的角度观察，均不能出现胶痕、斑污、明显的压痕。在阴阳转角处，必须保证垂直，棱角要分明。在阳角处，不允许有接缝，墙角处则不能有漏缝，应该进行包角压实。各幅拼接时必须横平竖直，图案端正，拼缝处的花纹要吻合。从距离墙面1.5米处正视时，不应有可见拼缝。表面应保持正常，无皱纹起伏，与挂镜线、踢脚板、电气盒等交接处要严密，不能有漏贴和补贴。裱糊材料边缘要切割整齐顺直，不能有毛边。

（4）木器油漆表面必须保持色泽一致，不得出现明显的刷痕。光亮度需柔和，从2米处正视时，不得出现透底、流坠、疙瘩、皱皮、漏刷、脱皮、斑迹等现象。装饰线和分色线必须平直、均匀一致。在进行清漆工程时，必须将虫眼刮平，确保木纹清晰可见。五金及玻璃必须完整洁净。

（六）竣工后其他成品安装与验收标准

（1）在宽度或厚度大于 70mm 的情况下，木制栏杆的接头必须采用暗榫结构。扶手表面应保持光滑，木纹应接近一致，颜色也应保持一致。转角处应圆滑处理，避免锐角出现。栏杆排列应整齐有序，横线条应与楼梯坡度保持一致。金属连接件应隐藏不露，扶手的高度和构造必须符合设计要求。转角弧度要正确，扶手连接要光滑，接头要严密平整，表面也应保持光滑整洁。

（2）根据要求，成品家具的饰面颜色必须保持一致，表面应平整光滑，不允许出现开裂、污迹或露出钉帽等不良情况。同时，家具表面也不应有锤印、毛刺、刨痕、磨砂或逆纹等手感缺陷。对于柜门及抽屉部分，应具备开闭灵活、回位正确、分缝一致等特性。抽屉部分应使用三节套式滑轨进行安装，确保牢固不松动。

（3）门窗框的横框与竖框应确保互相垂直，安装过程需牢固可靠，框与墙之间的缝隙应使用弹性材料填充饱满，不得使用水泥砂浆填充。表面应保持平整光滑，不能存在裂痕、划伤和钉眼等缺陷。门窗框、门窗扇及门窗面层之间的交接处应牢固，钉眼布置合理，起线保持垂直。门、窗扇表面应平整光滑，不能有锤印，割角应准确，拼缝应紧密；门扇的开关应灵活且紧密，不能存在阻滞、回弹和变形等情况；门扇的平整度误差不得大于 3mm，门的平整度误差也应严格控制在 3mm 以内。

（4）实木地板的板面拼缝误差不得超过 2mm，表面平整度误差同样不得超过 2mm。对于踢脚线，接缝必须严密，表面应保持平整光滑，出墙厚度应保持一致，接缝需合理美观，割角必须准确。此外，木地板擦蜡应均匀散布，避免露底，保持表面亮滑洁净，色泽均匀。最后，地板安装完成后，必须做好成品的保护工作。

（5）在室外安装灯具时，为防止水流进入灯具内部，需设置防水弯。同时，固定灯具所需的螺钉或螺栓数量需满足以下条件：当绝缘台直径为 75mm 及以下时，可以采用一个螺钉或螺栓进行固定；而当绝缘台直径超过 75mm 时，则必须使用至少两个螺钉或螺栓进行固定。对于花灯的吊钩，其圆钢直径必须不小于灯具吊挂销、钩的直径，且不得小于6mm。对于大型花灯或吊装花灯，其固定及悬吊装置必须能够承受灯具重量的1.25倍的过载试验。当灯具重量超过3kg时，必须固定在螺栓或预埋吊钩上。若灯具重量在0.5kg以下，则可以使用软电线自身进行安装。对于重量大于0.5kg的灯具，应使用吊链以确保电线不受力，且灯具的固定必须牢固可靠，不能使用木楔。此外，灯头的绝缘外壳不得破损漏电。对于带开关的灯头，开关手柄不得有裸露的金属部分，以确保使用安全。

（6）电器面板的安装应保持端正，紧贴墙面，四周无缝隙。同一房间内的开关或插座上沿高度一致，位置符合设计要求，开关通断灵活。开关边缘距离门框宜为15~20mm，开关距地高度宜为1300mm。拉线出口应垂直向下，暗装开关必须使用专用盒。暗装插座距离地面高度宜为300mm，在潮湿场所，需使用密封良好的防水防溅插座。以上内容需遵循严谨、稳重、理性、官方的语言风格。

四、其他方面的考虑

在其他方面的考虑中，确实需要一系列的计划和协调工作。制定装修施工季度表是个不错的主意，可以明确工作的起始和完成日期，有助于预定工期、施工量和施工人数，从而使设计实施工作有条不紊地进行。这有助于提前发现问题，及时调整计划，确保工程按时完成。此外，对于一些项目，如果条件允许，可以考虑穿插进行，这有助于缩短工期。灵活的安排可以在某些工作停滞时推进其他工作，最大限度地提高效率，确保整个装修工程能够按时甚至提前完成。室内空间设计的装修实施是一个系统工程，需要综合考虑多个方面的因素。统筹计划、艺术审美、经济核算、工程施工与验收等各个环节都要有机地结合起来，确保高质量高效率地完成设计实施装修工作。这样的综合性思考和协调是确保整个装修过程顺利进行的关键。

第三章　现代室内环境设计

第一节　室内家具与陈设设计

一、室内家具及其陈设设计

（一）家具设计的概念

设计，从汉语词汇构成的角度来看，是指“设想”和“计划”的过程。这是人类为实现特定目的而进行构思、规划和提出实施方案的创造性行为。设计是一种思维和创造的过程，通常通过符号进行表达。从广义上讲，设计可以延伸到人类所有有目的的创造性活动；而在狭义上，设计主要指的是在美学实践领域，特别是在实用美术范畴内，独立完成的构思和创造过程。

家具设计是设计领域中的一种形式，其设计对象为家具，可以是室内陈设、艺术品、日用生活用品或工业产品。因此，我们可以对家具设计作出如下定义：家具设计是以满足人们的使用、心理和视觉需求为目标，在产品投产前进行创新性的构思与规划的过程及其结果。这一过程可以通过手绘表达、计算机模拟、模型或样品制作等方式进行，并围绕材料、结构、形态、色彩、表面加工和装饰等方面展开，赋予家具产品新的形式、品质和意义。

这种创造性活动旨在确立家具产品的外观品质，包括样式、结构和功能。从生产者和使用者的角度出发，家具设计将二者的需求统一起来，同时满足商业目标、履行社会责任并回应业主对特定产品设计任务的委托。这要求设计师从使用者的角度出发，结合对家具的认知，提出新的创新理念，并借助科学的语言表述，协助实现这些创新。整个过程即称为家具设计。

家具设计机构主要有两种基本运作模式：一种是家具企业内部的设计部门，另一种则是独立的设计机构。在家具企业内部的设计部门，其设计工作依赖于该家具企业的生产活动，主要承担企业内部的设计任务。长期以来，我国家具设计机构的主流形式便是这种内部设计部门。这样的设计机构直接为企业提供设计服务，紧密结合生产需求，确保设计与生产之间的协同工作。设计团队可以更深入地了解企业的特色和需求，但可能面临工作量不足、信息渠道不畅等问题。随着家具产品设计地位的提高，设计机构专业化分工成为趋势，因此独立的设计机构逐渐兴起。这种设计机构是独立于生产企业之外的专业设计公司，其主要任务是接受不同企业的委托，完成产品设计任务。这种模式有助于优秀的设计人员为多家公司开发不同形式的产品，充分利用人才资源，同时避免每个生产企业都建立自已的设计部门，可能导致工作量不足、信息不畅通以及产品开发设计成本较高等问题。

在选择设计机构的形式时，家具生产企业可以根据市场需求和自身情况进行权衡，决定是建立内部设计团队还是委托独立设计机构。这样的选择有助于提高设计效率、降低设计成本，并确保产品的创新和竞争力。

（二）家具的分类

现代家具的材料、结构、使用场合和功能的日益多样，导致了现代家具类型的多样性和造型风格的多元化。因此，以常见的使用和设计角度对现代家具进行分类是一项具有挑战性的任务。在这里，我们仅从常见的使用和设计角度出发，对现代家具进行分类。

1. 按使用功能分类

这样的分类方式可以说是基于家具与人体的互动和使用需求，运用人体工程学原理进行科学分类的。坐卧类家具作为最古老和基本的类型，经历了从古老的席地跪坐到中期的高型家具，这反映了人类文明发展和生活方式变迁的历史过程。这种演变是对动物本能和生存姿势的文明创新，也是家具设计中最基本的哲学内涵。

（1）坐卧类家具与人体接触最多，使用时间最长，功能也最为广泛。椅凳类、沙发类和床榻类家具的细分，更加具体地考虑了不同使用功能，使得这一类别的家具在造型和功能上都呈现出多样性和丰富性。

（2）凭倚类家具则专注于结合人体和物体，主要为人们提供依凭和工作的场所，并兼具一定的物品收纳功能。这种分类方式有助于更好地理解家具的设计理念，确保其符合人体结构和实际使用需求，是一种科学而全面的方法。

a. 办公桌、写字台、会议桌、学生课桌、餐桌、试验台、电脑桌、游戏桌等属于桌台类家具。这类家具直接关系到人们的工作、学习和生活方式，因此在设计上需要与坐卧类家具相协调，满足一定的尺寸要求，确保使用的舒适性和实用性。

b. 茶几、条几、花几、炕几等属于几类家具。相比于桌台类，几类家具通常较矮。茶几在现代家具设计中尤为重要，因为它成了现代家居空间的亮点，特别是在客厅、大堂和接待室等开放空间。茶几不仅仅是传统的实用家具，而且在现代设计中越来越强调观赏和装饰功能，成为一种艺术雕塑美感形式的焦点家具。在材质方面，现代茶几采用了多样化的材料，包括玻璃、金属、石材、竹藤等，使得其造型与风格变化多端，呈现出丰富多彩的外观。

c. 贮藏类家具。贮藏类家具主要负责存放衣物、床上用品、书籍、食品、用具或展示装饰品等物品，其设计重点在于物品之间的关系处理，其次才会考虑人与物品的互动。设计时，必须充分考虑人体的活动范围，以确保尺寸和造型符合人的使用便捷性。这类家具通常以其存放物品的种类和使用空间来命名，例如衣柜、床头柜、橱柜、书柜、装饰柜、文件柜等。然而，在家具发展的早期阶段，箱类家具也曾属于贮藏类家具的一种，但随着建筑空间和生活方式的变化，箱类家具逐渐被柜类家具所取代。

贮藏类家具在造型上分为封闭式、开放式和综合式，在类型上分为固定式和移动式。诸如勒·柯布西耶和赖特等建筑大师早在20世纪30年代就创新性地将橱柜家具固定在墙内，而赖特更是在整体设计理念的指导下将贮藏类家具与建筑完美结合，堪称现代贮藏类家具设计的经典之作。

d. 装饰类家具。屏风和隔断柜作为装饰性间隔家具，尤其在中国传统明清家具中，具有独特的特点。博古架更是这种风格的典范之作。它们以其精巧的工艺和雅致的造型，为建筑室内空间增添了丰富和通透感，使空间分隔和组织更加多样化。

针对现代建筑中强调开放性和多元空间设计的特点，屏风和隔断在发挥其基本的空间分隔作用的同时，也起到了丰富空间变化的作用。随着现代新材料和新工艺的广泛应用，屏风和隔断的设计和制造已经从传统的绘画、工艺、雕刻发展为现代化的部件组装，采用了金属、玻璃、塑料、人造板等材料制造，创造出独特的视觉效果。

2. 按建筑环境分类

这种按照建筑空间和使用需求分类的方式很有见地。家具作为满足人类活动需求的重要组成部分，确实需要根据不同的场景和功能进行分类，以更好地满足人们的生活和工作需求。

（1）住宅建筑家具，涵盖了日常生活中不可或缺的各种家具类型，从客厅到卧室，从书房到厨房，各种空间都有相应的家具。这一类别的家具通常更注重个性化和生活方式的匹配，因为它们直接关系到个体居住环境的舒适度和品质。

（2）公共建筑家具，考虑到公共空间的系统性和专业性，家具设计更加注重功能性和适用性。办公室、酒店、商业展示区、学校等场所的家具设计需要符合具体的建筑功能和社会活动需求，因此在类型上相对较少但数量较大。

（3）户外家具，反映了当代人们对环境艺术和城市景观的重视。随着人们对室外生活空间的关注增加，户外家具在城市公共环境中的设计和配置变得越来越重要。庭院家具和街道家具的划分，更好地适应了不同户外场所的需求，同时也成为城市环境景观的重要组成部分。

3. 按制作材料分类

按照材料与工艺分类的方式有助于更好地理解家具的特点和构造。现代家具的多样化和材质组合趋势使得家具的分类更为复杂，而按照材料与工艺分类可以帮助我们更系统地了解不同类型家具的制作方式和特性。

（1）木制家具。古今中外的家具主要采用木材和木质材料进行制作。其中，实木家具和木质材料家具是木制家具的两大类别。实木家具是以原木为原料，通过各种加工工艺而成；而木质材料家具则是以人造板材为基材，经过二次加工、表面处理而成。这些家具在科技和工艺的支持下，可以呈现出各种独特的形态。

（2）金属制家具。金属家具是指由金属材料或以金属管材、板材、线材为主要构件，辅以木材、人造板、玻璃、塑料等材料制成的家具。金属家具可进一步分为纯金属家具、与木质材料搭配的金属家具、与塑料搭配的金属家具、与布艺皮革搭配的金属家具以及与竹藤材搭配的金属家具等。通过巧妙结合金属材料与其他材料，金属家具能够提升家具的性能，并增添现代感。

（3）塑料制家具。新材料的引入对家具的设计和制造产生了深远的影响，其中，20 世纪最引人注目的材料之一就是塑料。塑料家具具有诸多优点，例如整体成型、色彩丰富、防水防锈等，这些优点使得塑料成为公共建筑和室外家具的首选材料。除了整体成型外，塑料还可以与金属、木材、玻璃等材料配合，组装成家具部件。因此，塑料在家具设计和制造领域的应用具有重要意义。

（4）软体家具。软体家具在传统上主要是指采用弹簧和填充料制造的家具。然而，在现代工艺中，软体家具还包括了使用泡沫塑料成型和充气成型的柔软舒适的家具，例如沙发、软体座椅、坐垫以及床垫等。这些家具在各类家庭和公共场所得到广泛应用。

（5）玻璃家具。通常，玻璃家具采用高硬度的强化玻璃与金属框架，其透明度较普通玻璃高出 4 至 5 倍。由于高硬度强化玻璃坚固耐用，能够承受常规冲击和压力，因此成为现代家具设计中的新颖选择。此外，使用高度透明度的车用玻璃制成的厚度为 20 毫米甚至 25 毫米的家具，已成为现代家具装饰业的新领域。

（6）石材家具。石材家具使用天然石材和人造石材两种。全石材家具在室内使用较少，通常用于家具的局部，如茶几和橱柜的台面。石材不仅起到防水和耐磨的作用，还能与其他材质形成对比，为家具赋予独特的外观。

（三）家具设计的内容和原则

1. 家具设计的内容

家具设计旨在满足人们在空间中的使用需求和审美追求，具有双重功能，即使用功能和审美功能。其设计过程涉及诸多要素，如生成过程、生产材料、生产技术以及最终产品，这些要素在创造视觉之美方面发挥着重要作用。这种视觉之美主要通过形态来表达，即造型之美。同时，家具设计还与技术紧密关联，通过技术与艺术的结合形成技术之美。家具设计的内容主要包括艺术设计、技术设计以及相应的经济评估。在艺术设计方面，家具的形态、色彩、尺度、肌理等要素是设计的核心。设计师需要运用艺术化的造型语言来表达特定的思想和理念，从而通过用户的使用和审美体验对其产生精神上的影响。技术设计方面，家具的材料、结构、工艺等技术要素是设计的关键。如何选用材料、确定合理的结构，以确保家具具有足够的强度和耐久性以及最大程度地满足使用者需求，是技术设计的核心内容。整个设计过程以"结构与尺寸的合理与否"为设计原则。经济评估在家具设计中也至关重要，包括成本、生产效率和市场需求等因素。经济评估确保了设计的可行性，使得家具在市场上具有竞争力。实践证明，家具的技术设计与艺术设计并不是孤立的过程，而是在内容上相互包容和影响。通过综合考虑实用性、美学、技术和经济等多方面因素，设计师可以创造出既实用又富有艺术感的家具。

2. 家具设计的原则

家具设计是一种设计活动，因此它必须遵循一般的设计原则。"实用、经济、美观"是适合于大多数设计的一般性准则。随着社会的富裕、人们生活水平的提高，对家具等日常生活用品也提出了新的要求，把“绿色”也加入家具设计的基本准则之中，归结起来，主要有以下四点。

（1）实用性。家具设计的本质与目的在于其实用性，强调家具的物质功能。因此，家具设计的首要任务是确保满足其直接用途，符合用户需求，同时在使用过程中展现出卓越的使用性能和科学的使用功能。

如果家具无法满足基本的物质功能需求，那么其外观设计再出色也将毫无实质意义。以餐桌为例，其设计必须充分考虑用于进餐的特定需求。例如，西餐桌可以采用长条形状的设计，因为分餐制度通常要求食客沿长条状的餐桌依次就座；而中餐桌则通常设计成圆形或方形，以适应中国餐饮文化中以聚餐为核心的习惯。

家具的使用性能通常受到材料和结构等因素的影响，因此在设计过程中，必须考虑力学、机械原理、材料学和工艺学的要求。设计师需要进行结构设计和零部件形状与尺寸的确定以及考虑零部件的加工工艺，以确保家具产品在使用过程中保持稳定、耐久、牢固和安全等特性。

科学的家具设计应注重提高家具的使用舒适性、安全性和省力性。设计师在开展设计工作时，需要充分考虑家具形态对人身心的影响，依据人体工程学原理来指导设计人机界面、尺度、舒适性、宜人性等方面的内容。

（2）美观性。美观性原则主要是指家具产品的造型美，这是其精神功能的重要体现。美观性原则涵盖了产品的形式美、结构美、工艺美、材质美以及产品在外观和使用中展现出的强烈的时代感、社会性、民族性和文化性等。对于家具产品来说，“美”是建立在“用”的基础上的，虽然存在美的法则，但美的体现并不是空中楼阁，而是必须根植于由功能、材料、文化所带来的自然属性中。

产品的造型美应当与功能的完善和发挥相互融合，同时也要有利于新材料和新技术的运用。虽然美的法则是存在的，但美观性必须与功能性保持平衡。如果只追求产品的形式美而忽视了其使用功能，那么即使外观再美观也是毫无用处的。此外，家具设计还需要充分考虑产品造型对人们心理、生理的影响以及视觉感受。

在产品造型设计的过程中，设计师应充分考虑美观性原则，这一原则涵盖了产品的时代感、社会性、民族性和文化性等多方面因素。在确定产品造型时，设计师应充分了解并融入所处时代的审美观念、社会价值观以及针对的文化和民族特色，以便使产品更好地适应其特定的环境和目标受众群体。

（3）经济性。在家具设计中，经济性原则主要体现在两个方面。一方面，对企业而言，确保实现企业利润的最大化至关重要。另一方面，对消费者而言，产品必须物美价廉、物有所值。虽然这两者看似相互矛盾，但实际上，这正是设计师的价值得以充分体现的重要因素。经济性直接影响到家具产品在市场上的竞争力。优秀的设计并不一定等同于昂贵的价格，而设计的原则也并非盲目追求低成本，而是以功能价值比为导向。

设计师必须具备价值分析的能力，以便在满足功能需求的同时，避免不必要的浪费，并寻求最经济可行的实现方案。在产品设计中，应充分考虑生产成本、原材料消耗、产品的机械化程度、生产效率、包装运输等方面的经济性，以确保设计方案具备可行性和可持续性。

在实践过程中，我们始终坚持认为："没有最好的设计，只有最适合的设计。"例如，一些产品可能在外形上简单朴素，但却适合大规模生产；造型上或许缺乏变化，但却具有高度的实用价值；使用材料可能司空见惯，但成本较低；耐久性或许稍显不足，却能够满足某些临时使用的需求。若我们仅从一般的设计原则和常规的审美标准来评价这类产品，可能无法给予其优良的评价。然而，当我们将这些设计置于特定的群体（如低收入人群）和特定的市场环境中考虑时，对其的评价或许会完全不同。

（4）绿色化。绿色化是一种关注并采取措施减轻人类消费活动对自然环境造成的生态负担的思维模式，旨在在可持续利用资源的前提下推动产业的可持续发展。在家具设计领域，为了实现行业的可持续发展，我们需要考虑减少原材料和能源的消耗、优化产品生命周期、促进废弃物的回收利用以及对环境的整体影响。通过采取这些措施，我们可以推动家具行业的绿色化发展，实现经济与环境的和谐共生。

家具设计应当贯彻绿色和健康理念，遵循 3R 原则，即 Reduce（减少）、Reuse（重复使用）和 Recycle（循环）。这些原则旨在实现“少量化、再利用、资源再生”，确保家具设计符合环保和可持续发展的要求。

“少量化”这一概念的核心是通过有效利用所有材料和物质，以降低资源和能量的消耗。这不仅涉及结构简化、生产能耗降低、流通成本减少、消费过程污染削减等多个层面，更需要我们在设计过程中融入理性和科学的元素，创造出具备合理功能、结构稳固且用料精良的产品，从而实现“少量化”。

再利用主要是针对家具部件和整体的可替换性。在不增加生产成本的前提下，设计师可以考虑每个部件的替代性，特别是关键和容易损坏的零部件。这有助于确保产品在某个零部件损坏时，不会破坏整体结构，而可以通过更换来继续使用。

资源再生，也称为“无废技术”，是一种通过最合理地利用原料资源、生产、消费和二次原料资源的循环来生产产品的方法。它旨在在不破坏环境的同时，最大限度地利用所有原材料和能源。再生资源利用是清洁生产的核心内容之一，具有巨大的节能潜力。

在现代家具设计中，再生材料的使用越来越广泛，这些材料通常是可再生循环的，对环境无害。通过利用生活固体废弃物，如废旧报纸，设计师可以创造出轻量、环保、可再循环利用的家具。这种绿色设计有助于减少木材的使用，提高社会对废物再利用的认可度。

（四）家具对室内环境的影响

家具不仅是建筑室内空间的组成部分，更是人们生活、工作和学习的重要载体。随着科技的不断进步和社会的发展，家具设计也在不断演进，从简单的实用性逐渐发展为融合了功能性、美学性和科技性的复合型设计。现代家具设计已经超越了传统手工艺的概念，更加注重结合现代建筑、室内设计和工业设计的理念。这种综合性的设计考虑了人体工学、美学、科技等多方面的因素，力求创造出既符合人们需求，又能与周围环境和谐融合的家具。在这个过程中，与建筑室内设计的协调是至关重要的。家具的造型、尺度、色彩、材料等要与整体空间相协调，创造出一个舒适、美观且功能完善的室内环境。这种综合设计的理念，也是现代建筑室内设计追求的目标之一。随着社会对可持续发展和环保的日益关注，绿色设计理念在家具设计中也愈发重要。考虑到原材料的可持续利用、能源的节约以及废弃物的处理，现代家具设计越来越注重生态友好型的概念，追求更为可持续的发展。总的来说，现代家具设计不仅是实用性和美观性的追求，更是一个综合性的设计理念，需要考虑多个方面的因素，以创造出符合当代人需求和价值观的家具。

家具对室内环境的影响主要体现在以下几个方面：

1. 组织空间

室内空间是家具设计的舞台，而合理组织和安排这个空间是家具设计的核心任务。通过巧妙的家具组合，可以创造出各种功能空间，满足人们不同的工作、生活和娱乐需求。举例如下：沙发、茶几和音响柜的组合形成了舒适的起居、娱乐空间；餐桌、餐椅和酒柜构建了用餐和社交的空间；现代厨房的整体化设计为备餐和烹调提供了便利的空间；电脑工作台、书桌、书柜和书架的组合创造了书房和工作室空间；会议桌和会议椅布置出专业的会议空间；床、床头柜和大衣柜组成了私密的卧室空间。

2. 分隔空间

随着现代建筑的发展，墙体的传统分隔方式逐渐被更为灵活的隔断家具取代。这种趋势有以下几个作用：隔断家具可以在不改变建筑结构的情况下，灵活地调整空间的使用方式，提高室内空间的利用率。家具隔断可以集成多种功能，例如书架可以作为隔断，既分隔了空间，又提供了书籍陈列的功能。使用透明或开放式的隔断家具，既保持了整体空间的开放感，又提供了一定的隐私性。家具作为隔断不仅实现了功能分区，还丰富了室内空间的造型，增强了空间的设计感和美感。因此，分隔空间的作用使得室内设计更加灵活多样，不再受限于传统的墙体分隔方式，提升了室内设计的创新性。

3. 填补空间

家具的大小、位置对空间平衡至关重要。当空间存在不平衡时，通过巧妙布置辅助家具，如柜、几、架等，可以填补空缺的位置，使整体空间达到均衡与稳定的效果。这有助于营造舒适宜人的室内环境。家具可以充分利用那些尺度低矮或尖角等难以正常使用的空间。通过布置适当的家具，如床或沙发，可以使原本难以利用的空间变得有用起来，提高空间的实用性。有时建筑结构或布局设计可能导致一些尺寸和形状上的难题。家具的灵活性和多样性使得可以通过选择合适的家具填补或调整空间，解决由于尺寸和形状问题带来的困扰。家具不仅仅是填补空间的形式元素，还具有实际的使用功能。通过选择具有储物功能的家具，可以将原本被视为无用的空间转化为实用的储物区域，提高空间的整体利用率。在填补空间的过程中，设计师可以发挥创造力，创造出独特而有趣的室内设计。通过合理布置家具，使得空间不仅满足功能需求，还呈现出独特的设计风格。因此，填补空间的作用不仅在于形式上的装饰，更在于实现空间的功能性、实用性和美感。

4. 创造空间氛围

设计家居空间时，家具扮演着关键角色，不仅在空间结构上发挥着重要作用，而且在形态和色彩方面的艺术选择也极大地影响着整体空间的氛围。借助家具的艺术设计，可以有效地传达室内空间设计的理念、风格和情感调性，这一手法从古至今一直被广泛采用。不仅如此，现代风格的家具也逐渐演变成了特定文化理念的象征。

5. 间接扩大空间

通过家具间接扩大空间的效果，有三种主要方式：

（1）壁柜、壁架方式：利用固定的壁柜、吊柜或壁架家具，巧妙地利用过道、门廊上部、楼梯底部或墙角等边角地带的空间。这种方式能够有效地扩大可利用空间。

（2）多功能家具和折叠式家具：这种家具能够将本来平行使用的空间巧妙

地叠合在一起。例如，组合家具中的翻板书桌、组合橱柜中的翻板床，还有多用途的沙发和折叠椅等。通过这些家具，同一空间可以在不同时间完成多种用途，实现空间的多功能性。

(3) 嵌入墙内的壁式柜架：这种家具由于其内凹的柜面设计，能够延伸人的视觉空间，从而产生扩大空间的效果。将柜架巧妙地嵌入墙内，不仅能够提供储物空间，还能够让空间显得更加宽敞。

6. 调节室内环境的色彩

在室内环境色彩的塑造过程中，各元素自身的颜色共同构建了整个室内环境的色彩。这其中，家具的固有色彩是重要的组成部分，由于其在室内陈设中的关键作用，使得家具的色彩在整个室内环境中扮演着重要的角色。在室内色彩设计中，广泛采用的原则是“大调和、小对比”，这种设计手法通常体现在家具和陈设的色彩搭配上。例如，在一个色调沉稳的客厅中，一组色调明亮的沙发可以带来精神振奋的感觉，吸引视线形成视觉中心；而在色彩明亮的客厅中，几个彩度鲜艳、明度深沉的靠垫则会产生一种力度感的氛围。此外，在室内设计中，我们经常通过家具与织物的巧妙搭配来实现室内色彩的调和或对比。

在全球范围内，咖啡店通常采用深色系作为主色调。然而，纽约的 Voyager Espresso 咖啡店却与众不同，选择了冰冷的未来感作为设计方向。该店以简约的室内装饰为基础，创造出了一个超现实的空间。设计师通过巧妙的光线设计，将银色墙面与冷色灯光相结合，营造出一种科学实验室的氛围。这种独特的设计风格为顾客带来了一种前所未有的体验。

7. 反映民族文化并营造特定的环境氛围

通过家具的艺术造型和风格，能够突显其独特的地方性和民族性。在室内设计中，这一特性常被巧妙运用，以加强对民族传统文化的呈现并营造特定的环境氛围。

在居家室内设计中，常常根据主人的爱好和文化修养来选择具有各自特色的家具。这种个性化的选择可以创造出现代、古典或充满民间自然情调的环境氛围。通过精心挑选的家具，居室不仅反映了主人对文化的独特理解，还能够在家里打造出独一无二的空间，让人在其中感受到独特的艺术氛围。这不仅是对家具的简单搭配，更是对文化和个性的一种表达。

8. 陶冶人们的审美情趣

家具不仅仅是满足功能的物品，更是设计师和工匠共同创造的工艺品，具有实用性和艺术性。其艺术造型蕴含着各种流传至今的艺术流派和风格，反映了人们的审美观点和爱好。在选择家具时，人们往往以群体的方式认同某种家具式样和风格流派的艺术形式，这种认同既包括主动接受，也包括被动接受。也就是说，长时间接触一定风格的造型艺术，人们会逐渐培养出对特定风格的品位和修养，这种沉浸式的艺术体验会使人产生越看越爱，越看越觉得美的情感。在社会生活中，人们还通过接受他人经验、信息媒介以及随波逐流的消费心理间接地受到艺术感染。在这个过程中，可能会先跟潮购买，然后在接触中逐渐提高艺术修养。这种方式使人在社会交往和日常生活中不断丰富自己的审美情趣，形成多元而丰富的艺术体验。

（五）家具的选择与布置

1. 家具的选择

在当前市场上，家具品牌众多、种类繁多，而家具在实用性、装饰性、舒适性和环保性等方面差异很大。在这样繁杂的选择中，如何筛选出适合项目需求的家具呢？

确保家具满足项目的功能需求，不同空间需要不同功能的家具，如客厅需要舒适的沙发，办公室需要功能性强的工作桌等。家具的材料直接关系到质量和环保性，因此选择符合项目要求的高质量、环保的材料是关键。家具的风格应与整体室内设计相协调，与项目的设计主题和客户的偏好相契合，可以是现代、古典、民族等风格。家具的造型需要与整体设计一致，既实用又美观，与设计主题相协调。家具的色彩要与整体室内色调相搭配，创造和谐的视觉效果，符合项目的氛围和主题。家具的尺寸需要适应空间的大小，确保不显得过大或过小，保持整体空间的协调感。家具的制作工艺关系到质量和耐久性，选择工艺精湛的家具，确保长时间使用不易出现问题。在满足以上需求的前提下，考虑家具的性价比，确保在预算范围内获得最优质的家具。

在选择过程中，必须注意家具需满足室内设计的整体要求，与整体环境的设计方向相一致。家具需要契合整个空间的尺度大小，适应环境的视觉效果和活动氛围，满足整个空间的功能使用，并符合客户的预算范围。

2. 家具的布置

在布置家具时，应充分考虑人的使用、视觉和心理效果。为此，家具的布置原则应从功能、视觉和心理三个方面入手。首先，根据人员的活动习惯和空间功能，制定实用的流线，并利用家具划分空间，形成合理的停留和走动区域。其次，应关注家具之间的尺度、材质、色彩等方面的对比、统一和均衡关系，以创造协调的视觉形象。最后，应从心理角度出发，利用家具的高度、色彩等元素，形成一定的限定关系，打造出不同的空间效果，如亲切、压抑、放松或拘谨等。通过遵循这些原则，可以创造出一个既实用又具有良好视觉和心理效果的家具布置方案。

在确定大布局后，可以通过以下几种常见的家具摆放方式在小区域内进行辅助布置，以提高空间利用率和使用舒适度：

（1）周边式：家具沿四周墙体布置，留出中间区域，创造出相对集中的空间感。

（2）中心式：家具集中布置在空间中心位置，留出周边区域，营造出围绕中心的布局。

（3）单边式：家具集中放于一侧，留出另一侧的空间，创造出相对开阔的感觉。

（4）走道式：家具布置在室内两侧，留出中间走道，形成通风的布局，使空间显得通透。

这些布置方式可以根据空间的具体需求和设计目标进行选择，以达到更好的功能、视觉和心理效果。

二、室内陈设设计

空间的功能和价值往往通过陈设品得以体现。室内陈设，又称摆设，是家居布局中不可或缺的组成部分。陈设品的种类繁多、内容丰富，且形式各异，随着时代的变迁而不断演变。然而，无论形式如何变化，陈设的基本目的和深层次意义始终在于传递一定的思想内涵和精神文化，这是其他物质功能无法替代的作用。

陈设品在塑造室内空间形象、表达氛围和渲染环境方面，具有锦上添花、画龙点睛的作用，是构建完整室内空间不可或缺的重要元素。需要强调的是，陈设品的展示并非孤立存在，必须与其他室内物件相互协调和配合，以确保整体空间和谐。

鉴于陈设品在室内空间中的比例相对较小，为了充分发挥其作用，陈设品必须具备视觉上的吸引力和心理上的感染力。换句话说，陈设品应当是一种既具有观赏价值又能引发人深思的艺术品。它们以独特的方式为室内环境增添了丰富的色彩和情感，为居住者提供了愉悦的视觉和情感体验。

（一）室内陈设的作用

1. 改善空间形态

借助家具、地毯、雕塑、植物、景墙、水体等元素的巧妙配置，可以创造出次级空间，以更合理地满足使用需求，并增强空间的层次感。这种划分方式不仅在视觉上赋予了空间领域感，也在心理情感上营造出归属感。

2. 柔化室内空间

在现代城市中，高楼大厦让头顶的蓝天变得狭小、冷硬、沉闷，让人们渴望寻找自然的柔和。陈设艺术以其独特的质感，象征性地帮助人们找回失去的自然之感。

3. 烘托室内氛围

适度而合理的室内陈设将赋予房间不同的氛围，可能是优美、幽静、文艺或热烈，突显主人独特的品位。

4. 强化室内风格

精心设计的陈设对空间环境的风格起到了强化作用，通过造型、色彩、图案、质感等特性，进一步加强了环境的风格化。

5. 调节环境色调

室内陈设的色彩搭配不仅要满足审美需求，还要充分运用色彩美学原理来调节空间的整体色调，这会对人们的生理和心理健康产生积极影响。

6. 体现地域特色

由于地域差异，人们的心理特征、习惯、爱好等都存在差异，这在陈设艺术设计中需要得到重视。地方的文化、风俗和历史文脉都可以在陈设品中得到充分表达。

7. 表达个性爱好

在强调个体意识、提倡多元文化的时代，陈设也在不断演变。陈设的种类愈加丰富，展示方式更加多样，表达心态也更为自然、轻松和随意。陈设成为一个展示个性和品位的空间，反映居住者的独特爱好和个性。

（二）常用的室内陈设种类

1. 字画

字画在居室装饰中确实是不可或缺的点缀品，它不仅可以美化房间，还能反映主人的文化品位。

（1）根据居室主色调选择画的颜色，可考虑统一或对比搭配。在选择画作时，可考虑与居室主色调相似或形成鲜明对比的画作。例如，若感觉居室色调过于一致，需要增添一些活泼感，可以选择色彩明快、对比强烈的现代画作，或与墙面颜色形成鲜明对比的画作，以实现与墙色的互补关系。

中国字画以其独特的高雅风格吸引着装裱师和艺术爱好者，其墨色浓淡干湿的独特运用是形成这种风格的关键因素。通常，中国字画的装裱形式为装轴悬挂，这要求布置者具备较高的艺术素养。如果在不协调的环境中悬挂中国字画，很可能会产生不尽如人意的效果，甚至可能显得不和谐、别扭。因此，在选择和悬挂中国字画时，需要谨慎考虑环境因素和整体装饰风格，以确保达到兼具美感和协调统一的效果。

（2）画作的内容应与装修风格紧密关联，以保持整体环境的和谐。在确定画作时，务必考虑室内的气氛，以确保画作与装修风格相得益彰。针对不同风格的装修，画作的具体内容和形式均需经过细致的考量。例如，古典风格的装修通常适合选择具象的画作，而现代风格则更倾向于抽象的画作。目前，现代欧式风格（明朗、简约）、美式现代风格（融合古典与现代元素、华丽气派）和中式风格是较为常见的居室装修风格。因此，在选择画作时，应充分考虑这些因素，以确保画作与装修风格相得益彰。

在挂放字画之前，有一些问题需要首先考虑：

a. 位置与数量：在哪个位置挂放？挂几幅字画？

b. 构图方案：采用何种构图方案？平行垂直？还是水平方向？

c. 主题选择：选择什么样的主题符合整体装修风格？

d. 画框搭配：选用何种画框与其他家具、陈设或室内色彩协调？

字画的尺寸和形状需要与墙面及靠墙摆放的家具相协调。墙面较空时，可以选择悬挂一幅尺寸较大的字画或一组排列有序的小尺寸字画。挂放位置的选择也要根据具体情况，例如，床头或沙发上方的悬挂高度应稍低一些。一般来说，字画悬挂高度在视觉水平线上较为适宜，通常约为1.7m。在墙上设置一组字画往往比只挂一幅效果更好，可以以大的字画为中心，围绕中心悬挂其他小画作，或者采用对称式布置，具体取决于字画的形状、尺寸和数量。

2. 灯具

灯具的分类方式有很多，不同的安装方式、光源、使用场所和配光方式都能对它们进行划分。安装方式包括嵌顶灯、吸顶灯、吊灯、壁灯、活动灯具和建筑照明灯具，每种方式都有其独特的应用场景和设计特点。光源方面则涉及白炽灯、荧光灯和高压气体放电灯，它们在色温和亮度等方面有不同的表现。使用场所的分类涵盖了民用、建筑、工矿、车用、船用和舞台等多个领域，每个场所对灯具的需求也各不相同。此外，配光方式的差异，如直接照明型、半直接照明型、全漫射式照明型和间接照明型，决定了灯具在空间中的照明效果和氛围营造能力。各种具体场所灯具的选择方法如下。

（1）客厅。针对层高较高的客厅，建议采用三叉至五叉的白炽吊灯或大型圆形吊灯，以增强客厅的空间感。在选择吊灯时，应避免使用全部向下配光的灯具，而要确保上部空间具有一定的亮度，以减少上下空间的亮度差异。立灯和台灯在客厅中主要以装饰为主，它们是各个空间的辅助光源。为了与空间协调搭配，不建议选择造型过于奇特的灯具。

在客厅的装修设计中，如果房间高度较低，可以考虑使用吸顶灯搭配落地灯来营造温馨且具有时代感的氛围。具体来说，将落地灯放置在沙发旁边，沙发侧面的茶几上再加上装饰性的台灯，或者在附近的墙上安装较低的壁灯。这些灯具不仅可以在阅读时提供局部照明，还可以在会客交谈时营造亲切和谐的气氛。在客厅的照明设计中，舒适性和氛围都是需要考虑的重要因素。

（2）书房。在书房中，选择台灯时应当根据工作性质和学习需求进行适应。推荐使用带有反射罩、下部开口的直射台灯，这种台灯是专为工作或书写而设计的。这类台灯通常使用白炽灯或荧光灯作为光源。白炽灯和荧光灯各有其优点，白炽灯的显色指数较高，而荧光灯的发光效率较高。在选择时，可以根据个人需要或对灯具造型式样的偏好来做决定。

（3）卧室。卧室通常不需要过强的光线，因此在颜色上可以选择柔和、温暖的色调，以营造出舒适温馨的氛围。可以使用壁灯或落地灯代替中央的主灯。

壁灯最好选择表面亮度较低的漫射材料灯罩，以使卧室显得柔和，有助于休息。床头柜上可以放置子母台灯，大灯用于阅读照明，小灯则适用于夜间起床。此外，也可以在床头柜下或较低处安装脚灯，以防夜间起夜时受到强光刺激。

（4）卫生间。卫生间适合使用壁灯，这样可以避免蒸汽在灯具上凝结，影响照明并腐蚀灯具。

（5）餐厅。餐厅的灯罩最好选择外表光洁的玻璃、塑料或金属材料，方便随时擦洗。也可以使用落地灯进行照明，同时在附近墙上适当配置暖色壁灯，以增强宴请客人时的热烈氛围，提升食欲。

（6）厨房。厨房的灯具应安装在能够避开蒸汽和烟尘的位置，推荐使用玻璃或搪瓷灯罩，方便擦洗且耐腐蚀。在一些特殊区域，如玄关、餐厅、书柜处，可以安置一些射灯，突出这些区域的装饰效果，营造独特的氛围。在选择灯具时，要考虑个人的艺术品位和居室条件，以确保与整体风格协调。

3. 摄影作品

摄影作品作为一种纯艺术品，与绘画相比，它以写实和逼真为特点。摄影的独特之处在于能够真实地记录当地和当时发生的情景。虽然摄影作为一般陈设的要求与绘画相似，但在巨幅摄影作品用于室内装饰时，其意义可能更多地体现为扩大空间感。

特技拍摄和艺术加工的运用使得一些摄影作品具有类似绘画效果的特质，从而为室内环境带来独特的视觉体验。此外，摄影作品也常制成灯箱广告，展现出一种与绘画不同的特点和应用场景。

值得注意的是，由于摄影的真实性，一些重要的历史性事件和人物的摄影作品成了珍贵的文物和纪念品。摄影作品因其能够真实记录历史瞬间的特性，既具有艺术品的审美价值，也承载了历史的记忆。

4. 雕塑

我国拥有悠久的雕塑传统，涵盖了瓷塑、钢塑、泥塑、竹雕、石雕、晶雕、木雕、玉雕、根雕等多种类型。这些传统工艺品在民间和宫廷中广为流传，并被广泛用于室内装饰。其题材丰富，内容多样，大小各异，部分作品甚至成为历史珍品。现代雕塑的形式更为多样，包括使用石膏、合金等材料。雕塑作品在形式上分为玩赏性和偶像性（如人物和神塑像），它们反映了个人情趣、爱好、审美观念、宗教意识和对偶像的崇拜等方面。相比于绘画，雕塑的立体性赋予了它更强的感染力。雕塑的表现不仅受到雕塑本身的形态影响，还受到光照、背景的衬托以及观察者的视觉方向的影响。这使得雕塑作品在不同的环境中展现出多样的魅力。

5. 盆景

盆景在我国拥有悠久的历史，被誉为植物观赏的集中代表，被形象地称为有生命的绿色雕塑。这个艺术形式通过小巧的容器展现出植物的生命力和自然景观，是一种独特的园艺艺术。盆景的种类和题材非常广泛，它如同电影一样，可以呈现各种特写镜头。例如，一盆树桩盆景可以生动地表现出植物的刚健有力，老根新芽，展示出植物的苍老古朴和生机盎然的特质。此外，盆景也可以表现出壮阔的自然山水，如一盆浓缩的山水盆景，通过小小的容器展现崇山峻岭、湖光山色、亭台楼阁、小桥流水等自然景观，让人仿佛置身于千里江山之中，享受神思卧游之乐。

6. 工艺美术品、玩具

工艺美术品类型的丰富多样，不同的用材和工艺赋予它们独特的魅力。从竹、木、草、藤、石、泥、玻璃、塑料、陶瓷、金属到织物，工艺美术品的制作涉及了各种材料，每一种都展现着不同的艺术风貌。这些工艺美术品不仅仅是装饰性的物品，有些还是通过对一般日用品的艺术加工或变形而成，旨在发挥其装饰作用和提高欣赏价值，而不再追求实用性。例如，挂毯是一种具有装饰性的工艺美术品，能够丰富空间氛围；而一些经过艺术加工的日常用品，就被重新赋予了艺术的意义，成了一种独特的艺术品。另外，玩具作为一种特殊形式的工艺美术品，不仅具有装饰性，更具有娱乐性和趣味性。

7. 个人收藏品和纪念品

个人的收藏品和纪念品往往是独一无二的，代表着个体的独特爱好和生活轨迹。有些人热衷于收集各种物品，如邮票、钱币、字画、金石、钟表、古玩、书籍、乐器、兵器等，这些收藏品既具有艺术价值，又可能带有历史文化的沉淀。这样的个人收藏品不仅为家庭陈设增添了文化氛围，也成为传世之宝，反映了个人的品位和追求。

8. 日用装饰品

日用装饰品的选择也是家庭陈设中不可忽视的一部分。这些物品既具有实用性，又在造型和做工上注重美观和高雅。餐具、烟酒茶用具、植物容器、电视音响设备等都是日用品中的精致装饰品，它们的摆放和搭配能够提升整体的家居氛围，让生活更富有品位。

9. 织物

织物在家庭陈设中的应用十分广泛。除了作为纯艺术品如壁挂、挂毯等，织物更常见地用于日常的装饰和功能性需求。窗帘、台布、桌布、床罩、靠垫等都是织物在家居中的代表，它们不仅有着实用的功能，还通过丰富的图案和颜色为室内空间增添了层次和生气。织物的选择可以根据不同的季节、节日或个人喜好进行搭配和更替，这为家庭陈设提供了极大的灵活性。此外，织物具有吸声效果，有助于改善室内的声学环境，创造更加宁静和舒适的居住氛围。

（三）室内陈设的布置原则

1. 室内的陈设应与室内使用功能相一致

在室内，装饰品的选择需要与室内的实际功能相契合。不论是一件艺术作品、雕塑还是挂在墙上的对联，它们的设计元素，如线条和色彩，都应该与空间的用途相协调。这样，不仅能够突显特定的空间特色，还能打造出独特的氛围，赋予空间深刻的文化内涵，而不至于显得过于华而不实，或者毫无创意可言。

2. 室内陈设品的大小、形状应与室内空间家具相匹配

室内陈设品的尺寸和形状应该与空间内的家具相互匹配，保持良好的比例关系。如果陈设品太大，可能导致整个空间显得狭小而拥挤；反之，如果太小，可

能让整个空间显得空旷。这种比例关系同样适用于局部的陈设，例如，靠垫的尺寸不能过大，否则会让沙发显得很小，而太小的靠垫又可能显得不协调。此外，陈设品的形状、线条等设计元素也应与家具和整体室内装修风格协调一致，运用多样而统一的美学原则，以达到和谐的效果。

3. 陈设品的色彩、材质也应与家具、装修风格统一，形成一个协调的整体

陈设品的颜色和材质也需要考虑与家具、装修的整体协调性，形成一个和谐的整体效果。在选择颜色时，可以采用对比或调和的方式，以突出重点或者创造一种温和的氛围，使家具与陈设品之间、不同陈设品之间都能够相得益彰，形成一种统一的协调效果。

4. 陈设品的布置应与家具布置方式紧密配合

陈设品的布置方式应该与家具的布局相互配合。这不仅包括营造良好的视觉效果，还包括稳定的平衡关系、空间的对称或非对称、静态或动态以及不同风格和氛围的表达，如严肃、活泼、雅致等。除了其他因素，布局方式在整体室内效果中扮演着至关重要的角色。

（四）室内陈设的布置位置

1. 墙面陈设

墙面陈设一般以平面艺术为主，如书、画、摄影、浅浮雕或小型的立体饰物等，如壁灯、弓、箭等。也常见将立体陈设品放在壁龛中，如花卉、雕塑等，并配以灯光照明，也可在墙面设置悬挑轻型搁架以存放陈设品。

2. 桌面摆设

桌面摆设包括不同类型和情况，如办公桌、餐桌、茶几、会议桌、略低于桌高的靠墙或沿窗布置的储藏柜和组合柜等。桌面摆设一般均选择小巧精致、宜于微观欣赏的材质制品，并可灵活更换。

3. 落地摆设

墙面陈设通常以平面艺术为主，如书籍、绘画、摄影和浅浮雕等。也可以在墙龛中放置小型的立体饰物，如壁灯、弓、箭等，并通过灯光照明增色。此外，可以使用悬挑轻型搁架来展示陈设品。

4. 柜架陈设

桌面摆设涵盖多种情境，包括办公桌、餐桌、茶几、会议桌以及靠窗或靠墙的储藏柜和组合柜。桌面摆设通常选择小巧精致、适于微观欣赏的材质制品，并且可以根据需要随时更换。

5. 悬挂陈设

落地摆设包括大型的装饰品，如雕塑、瓷瓶、绿植等。这些摆设通常放置在大厅的中央，成为视觉焦点，也可以摆放在厅室的角落、墙边、入口处、走道尽头等位置，起到装饰和引导视线的作用。

（五）陈设设计流程

陈设设计流程是保证设计质量的前提，一般分为 3 个阶段开展工作：方案阶段、陈设设计阶段、预算阶段。

1. 方案阶段

方案阶段是陈设设计的起始阶段，主要工作包括以下几个方面：通过搜集各类陈设设计相关的资料，包括风格、元素、色彩等方面的信息，为设计提供参考和灵感。对室内的硬装情况进行全面的分析，包括墙面、地面、天花板等结构和装饰元素，以便陈设设计与硬装相协调。在理解业主需求和空间特点的基础上，展开陈设设计的构思，考虑如何利用各种陈设品来装点室内空间。对已有的陈设设计方案进行比较研究，了解市场趋势和同行的设计理念，以保证设计的新颖性和独特性。通过绘制平面图、透视图、效果图等形式，清晰地展示陈设设计的整体构思和效果，为后续阶段提供具体的方案依据。在方案表现阶段，重点突出装饰风格元素，提炼出各种风格的文化内涵，以丰富室内的装修风格，同时确保表达特定的思想、内涵和文化素养。在文案中巧妙融入地域文化元素，使整体设计更具地方特色，为室内环境注入独特的地域韵味。通过收集各种陈设小样，包括材质、颜色、造型等，为设计提供具体的参考，帮助业主更好地理解设计方案。

2. 陈设设计阶段

（1）陈设设计准备

陈设设计准备是设计工作的关键阶段，包括以下步骤：在设计前期，首先要明确陈设设计的目的与任务。只有清楚知道设计的目标是什么，任务是什么，才能有针对性地进行后续工作，形成良好的设计构思和计划方案。制定相应的项目计划书，设计师需要对已知的任务进行详细的内容计划。从内部分析到工作计划，形成一个工作内容的整体框架，确保设计过程有条不紊。进行项目调研，收集与项目相关的资料和文件。通过对项目性质、现实状况和未来预期等方面的调查，为陈设设计提供基础信息。考虑空间的性质、功能需求、客户类型、需求和沟通意见等综合因素。

（2）现场硬装分析

对空间的硬装进行详细的分析，充分了解自身的工作内容和基本条件。这包括了解空间的结构、装修风格、材料选择等。对设计空间进行现场实地测量，详细记录各种空间关系的现状，为后续设计提供准确的空间参数和数据。对涉及的法规、安全、健康等方面进行充分了解，包括防火、防盗、空间容量、交通流向、疏散方式、日照情况、卫生情况等。根据对陈设市场的了解，进行市场定位，初步判断设计的方向和风格。充分了解客户的需求，包括资金投入、审美要求等方面，确保设计符合客户的期望。

（3）初期方案设计阶段

初期方案设计阶段是设计工作中的关键步骤，包括以下服务方面：设计师需要仔细审查和了解客户提供的项目计划内容。将客户的需求详细记录，并将其形成文件，确保设计方向与客户期望一致。与客户进行充分的沟通，确保达成共识。在初期方案设计阶段，需要对任务内容、时间计划和经费预算进行初步确认。这有助于明确设计的整体框架和限制条件，确保后续设计在可行性和可接受范围内进行。通过与客户共同讨论，设计师需要提供关于施工的各种可行性方案。在与客户协商中，获得一致意见，确保设计方案既满足客户需求，又在施工实现上可行。在这一阶段，最主要的目标是确认项目计划书，达成与客户的共识。设计师需要通过图纸方案、计划书、陈设设计说明等文件，确保客户对初步设计的方向和要求有清晰的了解。设计文件需要提交给客户审阅，获得客户的认同后，方可进入下一阶段的工作。

（4）深入设计阶段

深入设计阶段是在客户批准的初期设计基础上进行深入的设计工作，包括以下服务方面：根据客户对项目计划书、时间和预算所作的调整，设计师在客户批准的初期设计基础上进行深入的设计计划。这可能涉及对设计方向、功能需求和预算的调整。在深入初期设计阶段，设计师进行全面的分析，考虑陈设的基本使用功能、材料、加工技术等要素。这有助于形成一个更为具体和可行的设计方案。综合运用空间手段、造型手段、材料手段和色彩表现手段等，确保设计在技术上的可能性和可行性。在深入设计阶段，设计文件应包括以下内容：通过大样图来呈现整体设计的布局、形状和空间关系。详细列出所使用的各种材料，包括其类型、数量和规格等。对设计方案进行详细的说明，包括细部设计，以清晰表达技术上的可能性和可行性。深入设计阶段的设计文件是在初期设计的基础上更为详细和具体的表达，为后续的实施提供了有力的支持。设计师需要确保设计文件的完整性和清晰度，以便客户能够准确理解和接受设计方案。

3. 预算阶段

预算是指以设计团体为对象编制的人工、材料、陈设品费用总额，即单位工程计划成本。这一过程涵盖了设计团体的劳动调配、物资技术供应，旨在反映设计团体个别劳动量与社会平均劳动量之间的差异以及对成本开支进行控制，为成本分析和班组经济核算提供依据。

编制施工预算的目的是按照计划有效地控制设计团体的劳动和物资消耗量。这一过程的依据包括施工图、施工组织设计和施工定额，并采用实物法进行编制。实物法的应用确保了费用预算更为贴近实际需要，提高了准确性和可行性。

综合来说，预算阶段的主要任务是对设计团体所需的人工、材料、陈设品等费用进行全面的估算，并在设计实施过程中进行成本的控制和分析。这为设计项目的有序推进提供了经济核算和成本管理的基础。

第二节　室内色彩与照明设计

色彩的神奇魅力在于它不仅是光的视觉效应，还深刻地影响了人们的情感、心理和生活体验。在人类的物质和精神生活中，色彩一直扮演着重要的角色，成为一种独特的表达方式和情感沟通的工具。人们通过对色彩的观察、发现和创造，丰富了对世界的感知，使生活更加多彩斑斓。在室内设计中，色彩被视为一个重要的设计元素，通过合理的搭配和运用，能够达到多种效果。首先，室内色彩设计可以表现空间的视觉效果，影响人们对环境的感知和体验。其次，色彩设计还能够改善和调解室内的温度感觉，营造出温馨、舒适或清爽的氛围。此外，通过巧妙的色彩搭配，可以美化室内环境，营造出独特的风格和个性。另外，照明是模仿和控制光的艺术，通过最适当的方式运用光的功能，创造出恰到好处的室内气氛。照明设计不仅关乎视觉的舒适感，还与整体空间的氛围和情感体验紧密相连。因此，室内色彩设计和照明设计的结合，能够为室内环境赋予更丰富的层次和情感，使人们在空间中获得更愉悦的感官体验。

一、室内色彩设计

（一）什么是色彩

色彩是人眼感知物体的形状和颜色的结果。光的照射是色彩产生的前提，因为只有光线照射到物体上，物体才能反射、吸收或透过光，从而形成人们所看到的不同颜色。色彩的形成涉及物体的固有色和环境色两个概念。物体的固有色是指在光的照射下，物体本身所呈现的颜色，这是由物体本身的性质决定的，例如一个红色的苹果在适当的光线下呈现出的就是其固有的红色。而环境色则是指在特定环境下，物体受到周围光线和色彩的影响而呈现出的颜色。比如，相同的白色墙壁在日光下和暖色灯光下可能呈现出不同的色调。这两种色彩的相互作用使得我们所看到的色彩世界更加丰富多彩。在室内设计中，设计师通常会充分考虑光线的照射和环境条件，以确保所选择的色彩在特定的光线和环境中能够呈现出最理想的效果。

（二）色彩的三要素

色相、明度和纯度是色彩的三个基本要素。

色相（Hue）：色相是指色彩的种类或类型，比如红、黄、蓝等。它是色彩的基本属性，用于描述颜色在光谱中的位置。

明度（Value）：明度是指色彩的明暗程度，即颜色的亮度或深度。在明度较高的情况下，颜色看起来较为明亮，而在明度较低的情况下，颜色显得较为暗淡。

纯度（Chroma/Saturation）：纯度是指色彩的饱和度或强度，描述颜色的鲜艳程度。纯度高的颜色显得鲜明而艳丽，而纯度低的颜色则显得较为灰暗。

红、黄、蓝是三个基本的原色，它们无法通过其他颜色的混合调配而得到。这三个颜色构成了色相的基础，通过它们的组合可以形成其他的颜色。在光学和绘画领域，被称为三原色理论。了解这些色彩的基本属性有助于设计师在室内设计中做出更为精准的选择，以达到预期的视觉效果。

（三）色彩作用于人的视觉所产生的感觉

（1）冷暖感：色彩可以根据冷暖感分为冷色和暖色。冷色包括蓝色、蓝紫色、蓝绿色等，给人凉爽、寒冷、深远、幽静的感觉。暖色包括红色、黄色、橙色、紫红色、黄绿色等，给人温暖、热情、积极、喜悦的感觉。

（2）轻重感：色彩可以根据轻重感分为轻色和重色。轻重感主要取决于明度，明度高的颜色感觉轻，而明度低的颜色感觉重。此外，颜色的轻重还与色相有关，暖色感觉轻，冷色感觉重；另外，还与纯度有关，纯度高的颜色感觉轻，纯度低的颜色感觉重。

(3) 体量感：根据体量感，色彩可以分为膨胀色和收缩色。体量感的决定因素包括明度（高明度的颜色膨胀，低明度的颜色收缩）、纯度（高纯度的颜色膨胀，低纯度的颜色收缩）和色相（暖色膨胀，冷色收缩）。

(4) 距离感：色彩可以根据距离感分为前进色和后退色。距离感的产生与纯度、明度以及色相有关，纯度高、明度高、暖色的颜色前进，而纯度低、明度低、冷色的颜色后退。

(5) 软硬感：色彩可以根据软硬感分为软色和硬色。软硬感受明度、色相和纯度的影响，明度高、暖色和高纯度的颜色感觉柔软，而明度低、冷色和低纯度的颜色感觉坚硬。

(6) 动静感：色彩可以根据动静感分为动感色和宁静色。动静感的体现与纯度、色相以及明度相关，纯度高、明度高、暖色的颜色感觉动感，而纯度低、明度低、冷色的颜色感觉宁静。

(四) 色彩的对比与协调

1. 色彩的和谐

色彩的和谐是指不同色彩在一定条件下能够产生协调、平衡、愉悦的感觉。和谐的色彩搭配能够使整体效果更加统一，给人愉悦的视觉享受。色彩的和谐包括色相的和谐、明度的和谐和纯度的和谐。色相的和谐主要指相邻色或互补色的搭配，整体色调协调统一；明度的和谐是指深浅关系的协调，避免过于强烈的对比；纯度的和谐是指鲜艳与灰淡之间的平衡。通过这些和谐的搭配，色彩在视觉上能够达到舒适、和谐的效果。

2. 色彩的韵律

色彩的韵律是指在一定范围内，通过不同色彩的交替、重复、变化等方式形成的有规律的色彩组合。色彩的韵律可以营造出生动、富有层次感的视觉效果。韵律的形成可以通过色相、明度、纯度的变化，也可以通过不同色块的交替排列。韵律的运用使整体色彩更加有层次感和趣味性，提升了视觉的艺术享受。

3. 色彩的平衡

色彩的平衡是指在设计中各种色彩元素在空间上的均衡分布，使整体构图感觉稳定、和谐。平衡可以分为对称平衡和不对称平衡。对称平衡是指在设计中，色彩元素在空间上呈现出左右对称的状态，使整体色彩分布均匀；不对称平衡是指通过不同色彩元素的数量、大小、明度等方面的差异来达到整体的平衡。平衡的运用使色彩在视觉上更加稳定，避免了过于单一或过于杂乱的感觉。

（五）色彩在室内设计中的应用

室内设计中，色彩设计具有举足轻重的地位。通过合理的色彩设计，可以显著提升室内空间的品质，营造出充满生机与和谐感的氛围。在色彩设计中，确定主色调是至关重要的环节。主色调可以是单一颜色，也可以是由多个相互搭配的色彩组成。不同主色调会产生不同的视觉体验，同时也会对人的生理和心理产生不同影响。因此，在室内设计中，色彩设计应被视为一项重要的任务，并给予充分的考虑和重视。

在进行室内色彩设计时，必须充分考虑使用场所和使用对象的特点。例如，对于娱乐空间，我们可以选择使用纯度较高、刺激性强的色彩，从而营造出充满活力和动感的氛围。而对于私密空间，则更适合选择纯度较低、素雅、宁静的色彩，以打造安静和舒适的氛围。此外，使用者的年龄也是我们必须考虑的重要因素。不同年龄段的人对色彩的喜好存在差异。因此，在进行色彩设计时，我们需要充分考虑这些因素，以创造出最合适、最理想的室内色彩环境。

色彩的美感也是主观的，受到个体审美观念的影响。每个人对色彩有着独特的喜好，例如有人喜欢鲜艳的红色，而有人喜欢温暖的黄色。因此，色彩的美感是相对而言的，关键在于是否满足使用者的审美需求。

1. 红色

（1）特点：鲜艳、热烈、热情、喜庆，给人勇气与活力。

（2）效果：刺激神经，促进血液循环，引起兴奋、激动和紧张感，有助于增强食欲。

（3）联想：火与血，是一种警戒色。

（4）运用：提高空间的注目性，创造温暖、热情、自由奔放的氛围。粉红色和紫红色更显浪漫和温馨，适合打造女性化的室内感觉。

2. 黄色

（1）特点：高贵、奢华、温暖、柔和、怀旧。

（2）效果：引起遐想，渗透灵感和生气，带来欢乐和振奋。象征权利、辉煌和光明。高贵、典雅，展现大家风范，同时带有怀旧情调，营造古典唯美感觉。

（3）运用：是室内设计中的主色调，能创造温馨、柔美的室内氛围。

3. 绿色

（1）特点：清新、舒适、休闲。

（2）效果：有助于消除神经紧张和视力疲劳。象征青春、成长和希望，给人心旷神怡、舒适平和的感觉，是富有生命力的色彩，营造自然、休闲的氛围。

（3）运用：在室内装饰中，可以创造朴素简约、清新明快的室内气氛。

4. 蓝色

（1）特点：清爽、宁静、优雅。

（2）象征：深远、理智和诚实。联想到天空和海洋，具有镇静作用，能缓解紧张心理，带来安宁与轻松之感。

（3）效果：宁静而不乏生气，高雅脱俗。

（4）运用：在室内装饰中，可以营造清新雅致、宁静自然的氛围。

5. 紫色

（1）特点：冷艳、高贵、浪漫。

（2）象征：天生丽质，浪漫温情。具有罗曼蒂克般的柔情，是爱与温馨交织的颜色，尤其适合新婚的小家庭。

（3）效果：高贵、雅致、纯情。

（4）运用：在室内装饰中，可以营造出高贵、雅致、纯情的氛围。

6. 灰色

（1）特点：简约、平和、中庸。

（2）象征：儒雅、理智和严谨。是深思而非兴奋、平和而非激情的色彩，使人视觉放松，给人以朴素、简约的感觉。此外，灰色使人联想到金属材质，具有冷峻、时尚的现代感。

（3）效果：宁静、柔和。

（4）运用：在室内装饰中，可以营造出宁静、柔和的氛围。

7. 黑色

（1）特点：稳定、庄重、严肃。

（2）象征：理性、稳重和智慧。是无彩色系的主色，可以降低色彩的纯度，丰富色彩层次，给人以安定、平稳的感觉。

（3）效果：增强空间的稳定感。

（4）运用：在室内装饰中，可以营造出朴素、宁静的氛围。

8. 白色

（1）特点：简洁、干净、纯洁。

（2）象征：高贵、大方。白色使人联想到冰与雪，具有冷调的现代感和未来感。

（3）效果：具有镇静作用，给人以理性、秩序和专业的感觉。有膨胀效果，使空间更加宽敞、明亮。

（4）运用：在室内装饰中，可以营造出轻盈、素雅的氛围。

二、室内照明设计

在室内照明设计中，光源的选择是至关重要的一步。不同的光源类型和灯具可以产生不同的光效和氛围。例如，白炽灯具能够营造出温馨、柔和的氛围，适合用于卧室、客厅等私密空间；荧光灯具则具有明亮、清晰的光效，适合用于办公室、厨房等需要明亮光线的场所。此外，还有 LED 灯具，它具有节能、寿命长、色彩可调等优点，被广泛应用于室内照明设计。LED 灯具可以通过调节色温和亮度，创造出不同的光效，适应不同的活动和场景。照明设计还需考虑不同区域的功能和使用需求。工作区域需要充足而明亮的光线，而休息区域可能适合柔和的环境光。通过合理搭配和控制光源，可以为室内空间创造出舒适、实用的照明效果。

（一）室内照明设计的方式

室内照明设计是为了满足功能需求和创造空间氛围而不可或缺的一部分。光的运用可以塑造空间，改变人们对环境的感知，同时也是环境美学的关键因素之一。在照明设计中，光的种类和方向有很大的影响。直射光、反射光和漫射光的运用可以创造出不同的光影效果，影响观感和空间氛围。自然光照明与人造光照明的结合，能够充分利用日光的自然特性，同时通过人造光源的补充，确保在各种天候和时间条件下都有良好的照明效果。不仅是光的亮度，光的色温也是照明设计中需要考虑的因素之一。不同的色温可以产生不同的氛围，从温暖的黄光到凉爽的蓝光，都能够为空间带来独特的感觉。总体而言，照明设计的目标是在满足功能需求的同时，通过巧妙运用光的各种属性，创造出令人舒适、美观的室内环境。

1. 直接照明

光线经由灯具直接射向目标，使其接收到 90%~100%的光线，是一种明暗对比强烈的照明方式。这种方法能够创造出生动有趣的光影效果，然而，需要注意防止眩光，因为亮度较高。

2. 半直接照明

采用半透明材料制成的灯罩覆盖光源上部，使 60%~90%的光线集中射向目标，而 10%~40%的光线透过半透明灯罩进行漫射，形成柔和的照明效果。这种照明方式常用于较低的房间，通过漫射光能够照亮平顶，提高房间顶部的亮度，从而营造出一种增加空间感的效果。

3. 间接照明

通过遮挡光源以产生间接光线进行照明，其中 90%～100%的光线会通过天棚或墙面进行反射，作用于目标区域，而10%以下的光线会直接照射到目标。间接照明通常采取两种处理方式：第一种是在灯泡下部安装不透明灯罩，使光线投射到平顶或其他物体上，形成间接光线；另一种方式是将灯泡置于灯槽内，使光线从平顶反射到室内，形成间接光线。在单独使用间接照明的情况下，需要注意不透明灯罩下部可能会产生浓重的阴影。通常需要与其他照明方式结合起来使用，以达到特殊的艺术效果。

4. 半间接照明

采用半透明灯罩对光源下部进行覆盖，使超过60%的光线照射到平顶，形成间接光源，而10%至40%的光线透过灯罩向下扩散。这种照明方式能产生独特的效果，使较低矮的房间呈现出增高的视觉感受。它常常被应用于住宅中的小空间，例如门厅、过道、衣帽间等场所。

5. 漫射照明

这种照明方式通过利用灯具的折射功能控制眩光，使光线向四周扩散、漫辐射，主要形式包括从灯罩上方射出、经平顶反射、两侧从半透明灯罩扩散以及下部通过格栅扩散，另一种则是利用半透明灯罩将光线封闭，产生漫射效果。这种照明方式使光线柔和、舒适，特别适用于卧室等场所。在室内空间照明设计中，主要有主光源、辅助光源和点缀光源三种形式来分析光。这些设计形式需要根据实际空间需求进行结合。例如，宾馆大堂和办公室等开放式空间通常需要明亮、舒适的光，选择主光源时应以直接照明为主。而酒吧等场所可能需要营造宁静、轻柔的氛围，主光源的照明可以减弱，辅以局部照明和点缀光源来打造氛围。在照明设计中，还需要注意光的颜色对空间的影响，根据空间功能的需要合理使用冷暖色彩。

（二）室内照明设计的作用

室内照明设计不仅可以弥补室内光照不足、营造空间氛围、增添室内情趣，而且能引起人们视觉的注意和心理上的联想。室内照明设计的作用总体来说主要有以下三点。

1. 创造室内气氛

室内气氛可以通过灯光的亮度和色彩来实现。不同的光色可以赋予室内空间不同的情感和氛围，影响人们的心理和情绪状态。例如，暖色调的灯光通常能营造温馨、欢乐、活跃的气氛，适合用于娱乐场所和餐厅。相反，冷色调的灯光可能营造出冷静、清新、宁静的感觉，适合用于办公室或休息空间。此外，照明的强弱和方向也是影响室内气氛的重要因素。柔和而分散的光线可以创造出舒适的环境，而直射的光线可能带来强烈的对比和明暗感，适合突出特定区域或物品。马克思·露西雅的观点强调了光的重要性，合适的照明可以使空间更富层次感，提升整体的视觉效果。在室内设计中，考虑到不同时间段和不同活动的需要，应灵活运用照明设施，为空间创造出丰富多彩的氛围。

2. 加强空间感和立体感

光的亮度和方向能够影响人对空间的感知和理解。通过巧妙的照明设计，可以强调空间的大小、开放性以及增强立体感。亮度较高的区域能吸引注意，因此在设计中可以有意识地运用强烈的光线来突出空间中的主要元素，创造出更加引人注目的效果。相反，较暗的区域则可以用于弱化次要元素，达到主次分明的效果。

在处理空间的立体感时，光的方向和角度也是关键因素。直射光可以形成明显的阴影，使物体的轮廓更加清晰，从而强化立体感。同时，通过调整光源的方向，可以在空间中形成有趣的光影效果，使其更具层次感和深度感。

在展示空间设计中的例子也很有趣，通过高亮度的重点照明来吸引关注，同时利用局部照明来创造悬浮感，确实能够使空间更具趣味和艺术性。这种巧妙的运用光的特性，使空间变得更富有活力和表现力。

3. 展现光与影的变换

光与影的变换是室内设计中一个非常有趣的方面。设计师通过巧妙运用照明装置，可以创造出丰富多彩的光影效果，使室内空间更具艺术感和层次感。光的形式和效果的变化可以极大地改变人们对空间的感知。从尖锐的聚光到柔和的漫射，再到投影在墙上的图案，都能在空间中创造出各种有趣的光影场景。这不仅使空间更具动感，同时也营造出独特的氛围。同时，影子的运用也是一种非常巧妙的设计手法。通过改变光源的位置和方向，设计师可以控制影子的形状和大小，使其成为空间中的一部分，起到装饰和艺术的作用。尤其是在夜晚或低光条件下，影子的效果更为显著，为空间增添神秘感和诗意。总体来说，光与影的变换是室内设计中一个富有创意和表现力的方面，通过精心设计，可以使光影成为空间中引人注目的艺术元素。

（三）室内空间照明设计

室内空间包括办公空间、商业空间、娱乐休闲空间和家居空间等，每个空间都需要相应的照明设计。

1. 办公空间照明设计

办公空间需要充足的采光，特别是选择靠窗和朝向良好的位置，以保证自然光的充分供应。为了避免日光辐射和眩光问题，可以采用遮阳百叶窗来有效控制光线的量和角度。在人造照明设计上，办公空间通常更注重理性的布局，确保光线分布均匀，避免明暗差异过大。对于光照不到的区域，可以采用局部照明，如走廊、洗手间和内侧房间等。夜间照明以直接照明为主，辅以适度的点缀光源。

2. 商业空间照明设计

商业空间的设计目标是盈利，因此充足的光线对于商品销售至关重要。整体照明的同时，需要注意局部重点照明，突显商品，营造出优雅的商业氛围。店面和橱窗在商业空间设计中是给顾客留下第一印象的关键区域，因此其光线设计需要醒目而独特，吸引人的目光。

3. 娱乐休闲空间照明设计

娱乐休闲空间是人们在工作之余放松身心、交流情感的场所，夜间照明是其主要考虑因素。在这类空间中，灯光效果通常丰富多彩，特别是在一些特定主题的场所，如怀旧风格的酒吧，可以运用自然材料和暖色调的灯光，如黄色，以突出主题。对于酒吧，局部照明和间接照明是主要设计方向，选择高照度的射灯和暗藏灯管来实现。光色的选择应与空间主题相协调。

舞厅分为迪斯科和交谊舞两类，舞池的灯光设计是其最具魅力的一部分。灯光的变幻配合音乐和舞蹈，创造出迷人的氛围。在舞池区域，可以使用彩色聚光灯、水晶环绕灯、激光束灯等多种灯具，以满足舞厅的功能需求。

4. 家居空间照明设计

家居空间照明设计需要根据不同设计风格和空间功能进行定制。客厅和餐厅作为公共活动区域，需要足够明亮的照明，可通过吊灯和吊顶筒灯来实现，同时可加入落地灯和壁灯，以丰富光线层次，创造舒适的环境。

卧室作为休息的场所，其照明设计应以间接照明为主，避免使用过于刺眼的直射光线。可以在房间的顶部设置吸顶灯，同时搭配暗藏灯、落地灯、台灯和壁灯等照明设备，以营造宁静、平和的氛围。这样的照明设计可以提供舒适的视觉环境，有利于人们放松身心、休息和恢复精力。

书房作为学习和工作的场所，应确保充足的光线以保护视力和工作效率。白炽灯管是书房照明的主要选择。为确保工作或学习时集中注意力，台灯作为书桌上的重要灯具，可以起到关键作用。卫生间的照明设计应以明亮、柔和为指导原则，同时要注重防潮和防锈的措施，以保证照明的持久性和卫生间的整体美观。

第三节 居住空间设计

一、居住空间设计的概念与内容

（一）居住空间设计的概念

居住空间设计是室内设计中一个非常重要的领域，因为它直接关系到人们日常生活的品质和舒适度。在居住空间设计中，需要综合考虑空间规划、功能布局、色彩搭配、家具选择等多个方面，以创造一个既实用又美观的居住环境。居住空间设计的独特性体现在对个人需求和生活习惯的深入了解上。每个家庭成员的需求都不同，因此设计师需要考虑每个人的空间需求，同时协调整个家庭空间的和谐性。经济性和实用性也是设计中需要充分考虑的因素，确保设计不仅美观而且符合居住者的经济实际和实际需求。舒适度在居住空间设计中尤为重要，因为家是人们休息和放松的场所。通过合理的布局、舒适的家具和合适的照明，设计师可以营造出一个温馨宜人的家庭环境。总的来说，居住空间设计不仅仅是关于美观的外观，更是关于创造一个符合人们生活方式和需求的实用而舒适的居住环境。

（二）居住空间设计的内容

居住空间设计的内容千变万化，因为它必须考虑人们的不同需求、价值观念和审美标准。设计师需要确保空间的功能布局合理，满足居住者的基本生活需求。这包括合理的卧室、客厅、厨房和卫生间的布局以及与家庭成员数量和生活方式相适应的空间规划。

1. 空间组织

在居住空间设计中，空间规划是至关重要的一环。设计师通过精心安排空间的形状、大小和比例，以确保各个功能区域相互协调，满足居住者在不同活动中的需求。通过对实体空间的合理分隔和重新组织，解决空间衔接、过渡、统一、对比和序列等方面的问题，使整个居住空间兼顾开敞和封闭的程度，为居住者提供高质量的休息、学习、工作、娱乐等体验。

2. 表面处理

在居住空间设计中，表面处理涉及地面、墙面、隔断和天花等元素的处理。这不仅涉及功能和技术方面的要求，还包括造型和美学方面的考量。表面处理需要与居住空间内的设备和设施密切配合，例如与灯具的布置、电器设备的设置等。

3. 居住物理环境设计

物理环境设计是指在居住空间中全面考虑采光、照明、通风和音质等方面的处理。这包括确保室内良好的自然采光、合适的照明条件、有效的通风系统以及良好的音质环境。物理环境设计还需要协调安装室内环境、水电等设备，使其布局合理。

采光：对于可以实现自然采光的室内空间，应该尽量保留可调节的自然光，这有助于提高工作效率和维护人的身心健康。

照明：根据国家照明标准，为居住空间提供适当的工作照明、艺术照明和安全照明，并与居住空间设计相配合，处理好室内照明灯具的选择和布置。

通风：以实现室内自然通风为前提，在考虑地区气候和经济水平的基础上，按照国家采暖和空气制冷标准，设计出符合舒适、经济和环保要求的居住环境。

4. 居住家具陈设设计

这一方面包括了对家具和其他设施的设计以及它们的合理配置。在居住空间设计中，需要考虑家具的设计与选择，同时根据使用和审美的需求来合理布置各种织物、地毯、日用品和工艺品等，以满足功能性和美感的双重要求。

5. 绿化设计

居住空间的绿化设计越来越受到重视。在忙碌的生活中，人们渴望回到一个能够减轻疲劳的家。引入绿色元素不仅可以实现室内外空间的和谐过渡，还能够调整空间氛围、增添室内柔和的氛围，起到美化、协调人与自然环境关系的作用。将植物引入室内，除了增加空间的生气和活力，还有助于改善室内空气质量，提升居住者的生活质量。

二、居住空间设计的历史

居住空间设计是人类创造并美化自己生存环境的活动之一。确切地讲，应称之为居住环境设计。人类居住空间的发展大致可以分为早期、中期和现代三个阶段。

（一）早期阶段

在早期阶段，人们的居住空间主要取决于自然环境和生产技术。居住环境简单而朴实，以满足基本的居住需求为主。穴居和简陋的建筑形式，如坑穴、山洞和窝棚，是早期人类的主要居住形式。这些居住空间不仅提供了遮风避雨的基本功能，还反映了当时人们对环境的适应和对基本生存需求的追求。在这个时期，由于技术水平的限制，人们的建筑能力有限，因此居住环境主要是在自然条件下形成的。这种朴素的建筑形式在某种程度上呈现出一种原始而自然的艺术形象，成为后来设计师们创作的灵感之源。

随着社会的发展和技术的进步，人们开始逐渐改善居住条件，建筑形式也在不断演变。从原始的穴居、窝棚到后来的木骨泥墙建筑，人类居住空间的发展经历了早期阶段的简陋和朴实，为后来更复杂、多样的建筑形式奠定了基础。

（二）中期阶段

在中期阶段，人类的居住空间设计逐渐超越了简单的功能需求，开始注重空间的精神功能，即满足人们心理活动的需求。这表现为对空间氛围、格调、情趣和个性等方面的关注，将空间设计提升为一种艺术质量的表达。在这个时期，人类的社会发展和财富积累使得居住空间设计更加复杂化。在东方，特别是在封建社会下的中国，宫殿、山庄等建筑雕梁画栋，极尽豪华和华丽之能事。而在西方，文艺复兴后，社会财富的增加使得财富阶层能够兴建壮丽的宫殿和别墅，追求外观的雄伟和内部空间的奢华。这一时期的居住空间设计更注重细节的处理，追求面面俱到、精致独特的设计。为了炫耀财富和满足感官的舒适，昂贵的材料、珍宝和艺术品都成为设计的一部分。然而，这一时期也存在一些问题，如过度注重装潢而忽视空间关系和建筑结构逻辑，使得一些设计过于豪华而缺乏实用性。这为后来的设计者提出了一些反思和挑战。

（三）现代阶段

现代阶段的居住空间设计受到第一次工业革命的影响，开启了设计事业的新时代。工业革命带来了新的材料和技术，如钢、玻璃、混凝土以及大规模生产的纺织品和其他人工合成材料，为设计师提供了更多的选择和丰富的设计内容。在现代阶段，居住空间设计注重实用功能，借助新的科学和技术追求舒适度的提高。工业材料和批量生产的产品得到充分利用，使设计更加高效和可持续。同时，设计师注重个性与独创性，追求在物质条件允许的情况下为居住者创造独特的空间体验。

人情味成为设计的关键要素，强调居住空间设计应当体现居住者的个性和情感需求。整体上，现代阶段的居住空间设计更加注重综合艺术风格的表达，追求在功能性、实用性和美学上的完美结合。这一时期的设计理念与技术不断推动着居住空间的发展，使其更符合当代社会的需求和价值观。

三、居住空间的功能

居住空间是一个家庭的核心，不仅提供安全的居住场所，还承载了亲情、温馨和成长的记忆。在这个空间里，我们不仅可以满足基本的生理和安全需求，还能够体验社交互动和自我实现的层次。居住空间的设计不仅仅关乎功能性，还涉及家庭成员之间的互动、情感交流和个性表达。通过巧妙的设计，居住空间可以成为一个温馨、和谐的场所，满足家庭成员在各个层面的需求。

（一）客厅

客厅不仅是家庭成员进行群体活动的中心，也是展示主人职业、性格、品位和修养的主要场所。它应该位于住宅空间的核心位置，靠近入口，但需要适度隔断，避免直接暴露在主入口附近，以防引起不适的心理反应。此外，最好将客厅设置在能够充分享受自然光照和欣赏室外景色的位置。

1. 客厅的布局

在规划布局时，我们需要充分考虑自然条件，并综合考量居室的各种内在与人为因素，包括环境设备等，同时配合适当的照明、良好的隔音措施、适宜的温湿度和舒适的家具。设计的视觉形式应以展示家庭的独特性格和修养为主导原则，采用具有个性的风格和表现手法，使其能够充分发挥出“家庭展览橱窗”的效果。

2. 客厅的分类

客厅可以根据功能划分为不同的区域，其中聚谈中心是客厅的核心部分。这个区域主要用于主人与客人进行交流、互通信息，也是家人团聚的理想场所。为了确保聚谈中心能够充分发挥其作用，需要将其与其他私人空间适当分隔，同时保持与餐厅、厨房、门厅等地的畅通。在聚谈中心，可以进行聚会、小型宴会、生日晚会等活动。为了营造优雅悦目的氛围，需要合理安排空间，摆放适当家具，并利用台灯、靠枕、区域地毯、茶具、烟缸等元素来装饰。通过这些措施，可以创造出稳重、理性、官方的氛围，让人们在聚会中感受到正式、礼貌的氛围。

阅读中心的主要目的是提供休闲性阅读，类似于书房的功能。对于空间较小的居室来说，这是一个实用而合理的设计方法。在选择位置时，应考虑光线充足且相对安静的地方，例如窗台或扶手椅背后。为确保舒适的阅读环境，还需配备台灯、书架、脚凳、靠枕、小地毯和茶具等必要的设施。

音乐中心的设计目标是以音乐为娱乐媒介，因此其应设在具有美丽落地窗的环境中，并将音响设备进行隐蔽式安装，例如将其放置在矮柜中，以便保持整体空间的整洁，避免给室内带来零乱的感觉。

电视中心则建议独立设置，人与电视机的距离应为荧屏宽度的6~8倍，视线要保持水平，有效角度为45°，同时建议设置电视灯。

（二）书房

随着公众生活品位的提升以及电脑操作在日常工作中的普及，越来越多的人开始关注书房的设计。在空间环境允许的情况下，许多人会选择专辟一个区域作为书房。书房的设计旨在营造一个“静谧、明亮、雅致、有序”的工作学习环境，成为展现个人特性且充满生活气息的娱乐与工作空间，使人在轻松自如的氛围中更专注于工作、学习和休息。书房的基本功能涵盖阅读、写作、电脑操作、物品储存以及休息和娱乐视听等，所需的主要家具包括书桌、电脑操作台、书柜、座椅等。

书房是专为人们进行阅读、藏书、制图等学术活动而设置的场所，其功能相对较为简单，但对应的环境要求颇高。因此，从布局的角度出发，书房的位置应适度地偏离起居室、餐厅和儿童卧室，以尽量避免各类干扰。此外，书房亦需远离厨房和储藏等家务用房，以确保维持整洁的环境。此种布局旨在创造一个安静、光亮、优雅且条理分明的书房氛围，这不仅有益于提升工作与学习的效率，更是对学术活动的一种尊重和升华。

1. 书房的布局

书房的布局与空间的相关因素包括空间形状、大小以及门窗位置等。书房通常分为工作阅读区域和藏书区域两部分。

书房的主体是工作阅读区域，该区域在位置和采光等方面需要重点处理。首先，为确保安静，此区域应布置在居住空间的尽端，以减少室内交通对此区域工作和阅读活动的干扰。其次，朝向要好，以确保良好的采光，并设计合理的人工照明系统。同时，应方便与藏书区域的联系。最后，藏书区域应有较大的展示面，以便主人方便地查阅书籍。对于特殊书籍，应避免阳光直射。

在布置书房时，应遵循安静的原则，注重美观、雅致和实用性。以写字台为中心，根据室内活动规律，合理有序地布置家具。同时，书房内的光线配置要确保充足，以体现明亮、整洁和宁静的特点。在色调上，天花板、墙壁、地面、家具、窗帘等应统一，以充分展现整洁、明快和宁静的特点。

2. 书房的分类

（1）开放式书房通常设置在起居室或图书室的适当位置。在空间特征上，它具有外向性质，其限定度和隐秘性相对较小，强调与周围环境的交流和渗透，注重相互融合和沟通。相较于相同面积的封闭空间，开放式书房给人的心理感受更加开朗、活跃，其性格具有接纳性，具有一定的流动性和趣味性。

（2）独立式书房则是在居住面积较宽松的情况下规划出来的，专门用于读书、学习或作为私人办公室的清静空间。它是具有长久性和稳定性的区域，为个人提供一个专注、安静的工作和学习环境。这种书房形态相对独立，有利于保持私密性和专注度。

3. 书房的设计原则

（1）保持良好的照明。书房是用于阅读的地方，不良的光线可能对眼睛造成伤害。因此，在设计时，要注意合理搭配自然光和灯光。为了方便查书，书桌宜放在光线明亮的位置，而书桌上可以添加小台灯。

（2）确保书房环境的清静整洁。作为脑力活动场所，书房需要一个宁静的环境，这有助于学习和思考。可以考虑使用隔音设备，同时书籍的摆放应有序，笔记本和笔等用具应整洁有序。

（3）注重个性化设计。根据个人的需求和喜好，为书房进行个性化设计。可以悬挂一些字画或播放一些优雅的古典音乐，使书房更符合个人审美和氛围。

（三）卧室

卧室的功能在不断丰富，从纯粹的睡眠空间演变为一个多功能的休息区。考虑到女士的需求和身体特点，打造一个温馨宁静的环境是至关重要的，既要满足实用性，也要注重美感。

对于睡眠区，选择合适的床和床头摆放确实对睡眠质量有很大的影响。而梳妆区则是女性日常生活中一个重要的功能区域，一个漂亮的梳妆台和足够的镜子可以为女士提供一个愉悦的化妆体验。更衣区的设计要便于取用衣物，同时与梳妆区的结合可以提高整体的空间和谐感。

储藏区的设计更多是考虑空间的利用，嵌入式壁柜能够有效地增加储藏功能，保持房间整洁有序。整体来说，一个功能齐备、布局合理的卧室设计既能满足实际需求，又能提升居住体验。

1. 卧室的分类

卧室设计需要考虑到不同人群的特殊需求和生活习惯。每个卧室都是一个私密的空间，要根据使用者的年龄、性格和生活阶段来进行差异化设计。

（1）主卧室作为夫妻共同生活和休息的场所，除了满足基本的睡眠需求外，还要考虑夫妻双方的个性和生活习惯。私密性、安宁感和心理安全感是主卧室设计的基本要求。

（2）子女卧室则需要根据儿童的成长规律和个性特征进行不同阶段的规划。儿童期需要有足够的游戏空间，青少年期需要适当的私密空间，以满足他们在不同阶段的成长需求。设计要考虑到儿童的安全性和趣味性，为他们提供一个有利于学习和休息的环境。

（3）老年人卧室设计更注重对老年人的关爱和照顾。在地面防滑、床的高度、隔音效果等方面都需要特别考虑。保持空间流畅，家具高度适宜，考虑到老年人的生活自理能力。对于老年人，室内装饰和色彩可以以古朴为主，创造一个宁静、舒适的环境，有助于提高他们的生活品质。

综合而言，卧室设计要因人而异，满足不同群体的需求，为他们提供一个舒适、安全、适宜的休息和生活空间。

2. 卧室设计应该遵循的总体原则

保障隐私、追求实用和舒适、简约风格以及和谐温暖的色调都是卧室设计的关键要素。保证隐秘性是确保卧室成为一个私密、安全的空间的重要原则。选择隔音材料和木门有助于减少外部噪声的干扰，创造更为宁静的休息环境。实用性和舒适性是卧室设计的核心原则之一。合理布局，如配备床头柜、大衣橱和梳妆台，确保卧室既能满足各种储物需求，又能提供便捷的使用体验。流线型、菱形、椭圆形的镜面设计也有助于提升空间美感。简约风格的选择符合卧室的功能定位，注重功能性和实用性，避免过于繁琐的装饰，使卧室更专注于提供良好的休息环境。在色调方面，和谐温暖的选择能够营造轻松、舒适的氛围，有助于提高睡眠质量。素淡的窗帘和地板也有助于保持整体空间的清爽感。总体而言，这些建议考虑到了卧室的实际使用需求和舒适性，是很好的设计原则。

（四）餐厅

餐厅确实是家庭中非常重要的一个空间。它不仅是用餐的地方，更是家人聚在一起、交流感情的场所。一个温馨、宽敞、明亮的餐厅可以为整个家庭营造出轻松愉快的氛围。

在餐厅设计方面，需要考虑很多因素，包括面积分配、装饰风格、家具选择等。为了使餐厅更加宽敞明亮，可以考虑采用明亮的色彩和合适的照明设计。充足的自然光线也是一个很好的选择，可以通过合理的窗户设计或者利用开放式设计来实现。此外，舒适的家具也是餐厅设计中的关键。舒适的餐椅和宽敞的餐桌都可以提高用餐的舒适度。考虑到用餐的氛围，可以选择一些温馨的装饰，比如植物、艺术品或者是家庭照片，让餐厅更具个性。

总体来说，把餐厅设计得温馨、宽敞、明亮，是为了使整个家庭都能在这个空间里感受到温暖和幸福。

1. 餐厅分类

餐厅的主要组成部分包括餐桌、餐椅和酒柜，其形式可大致分为厨房兼容式、独立式和客厅兼容式。

（1）厨房兼容式：厨房兼容式指的是厨房与餐厅共享同一空间。这种设计能够缩短配餐和用餐后的移动路径，从而减少用餐时间。由于厨房涉及的功能较多，设备较为复杂，因此需要合理布局餐厅和厨房，确保它们的动线不会相互干扰。

（2）独立式：餐厅独立式意味着餐厅与客厅或厨房完全隔离，或者通过较高的隔断分隔开。这种设计相对独立，具有较高的设计独立性，为餐厅营造出独特的氛围。

（3）客厅兼容式：客厅兼容式表示客厅和餐厅融为一个整体，同处于一个开放的空间。这种设计有助于增加居室的公共空间，视野更加开阔。客厅兼容式的布局形式使整个区域更具通透感，营造出更为宽敞的居住环境。

2. 餐厅的设计原则

餐厅的设计原则是确保其功能性、舒适性和美观性，以提供良好的用餐体验。

（1）使用方便：餐厅的位置应靠近厨房，以便方便上菜，减少食物供应的交通线路。靠近起居室的位置最佳，家庭成员可以同时就座进餐，缩短服务时间。

（2）充足的光线：充足的自然光线和良好的照明是重要的，因为餐厅的设计需要突出饭菜的美感。选择采光良好的房间，充分利用自然光，同时合理设计灯光，确保用餐区域明亮。

（3）美观和整洁的装饰：餐厅的装饰应美观整洁，可以通过放置艺术品、盆栽等装饰品进行点缀，营造雅致的就餐氛围，避免杂乱和拥挤，使用餐环境更加宜人。

（4）相对独立的空间：如果条件允许，设置一个相对独立的餐厅空间。这有助于创造私密感，提升用餐体验。如果不能设置独立餐区，与起居室共处一个空间位置，注意在餐桌旁边放置休闲椅子，实现用餐和会客的灵活切换。

（5）强化餐厅与厨房的关联性：餐厅和厨房间的关联性应强化，以增加全家备餐的参与感。这可以通过开放式厨房设计、与厨房相邻的布局等方式实现，减少做餐的枯燥感。

通过遵循这些设计原则，可以创造一个舒适、实用且美观的餐厅空间，提高家庭的生活质量。这些原则不仅考虑到功能性，还注重了用餐环境的感官体验。

（五）厨房

厨房在人们的日常生活中扮演着至关重要的角色，与一日三餐密切相关。它主要用于炊事，同时也兼顾洗涤和用餐功能，是家庭内使用最频繁、家务劳动最集中的地方。最好将厨房设在与餐室和客厅相邻的位置，以便提高便利性。

厨房的主要设备包括微波炉、冰箱、灶具、洗涤盆、抽油烟机、储物柜等，以满足不同的烹饪和存储需求。一些家庭还独立设立家务室，将其视为厨房的附属部分。在家务室中，通常配备有洗衣机、洗涤池、烫衣板等设备，使家务活动与烹饪过程更加高效。

通过这种同义转化，强调了厨房在家庭中的重要性，突出了其多功能性以及与家务活动的结合。这种布局的优势在于提高了生活效率，使家庭成员在烹饪的同时可以顾及其他家务事务。这样的安排更加清晰地呈现了厨房在家庭中的地位和功能。

1. 厨房按功能分区

按照功能分区的设计可以使厨房更加有序、高效。以下是各功能区的详细描述：

清洗中心：主要用于洗涤餐具和食物，提供清水供应，同时配备废物处理设施，确保厨房的清洁和卫生。

由配膳台、储藏台、冰箱和小型墙壁吊橱组成，旨在为烹饪和用餐提供便捷的空间。储藏台用于存放烹饪所需的食材，冰箱则保持食材的新鲜。

烹调中心：厨房的核心区域，主要配备炉灶、烤箱、抽油烟机、微波炉等烹饪设备。该区域专注于食物的加工和烹饪过程。

计划中心：包括书写台、抽屉和电话等设备，用于记录食谱、制定菜单以及处理与厨房相关的事务，使整个厨房操作更有组织性。

供应中心：包括供应柜、窗口和餐车，用于储存和供应已经准备好的食物，方便于提供给用餐者。餐车的存在增加了食物的灵活供应。

用餐中心：提供一个便捷的用餐空间，让家庭成员或员工能够轻松享受美食。这可以是一个小型的餐桌或者吧台，方便用餐。

通过这种按功能分区的设计，厨房可以更加高效地进行各种活动，使各个区域发挥最大的作用。这有助于提高厨房的操作效率，同时确保食物的卫生和安全。

2. 厨房的类型

(1) 开敞式厨房。通风明亮的居室设计风格中，流行的是开敞式厨房。这种布局将起居室、餐厅和厨房三个区域打通，实现了空间的共享，最大限度地扩展了整体空间感觉。这样的设计带来了视野的开阔和空气的流通，方便家庭成员之间的交流。宽敞的活动空间使烹饪成为一种愉快的体验。不过需要注意的是，容易使其他环境受到油烟侵袭，其适用于房屋面积较小、用餐频率较少，以西式料理为主的家庭。

(2) 封闭式厨房。封闭式厨房是将厨房与餐厅完全独立分隔的设计形式。这种布局不受干扰，确保各种油烟气味不会影响其他房间，更适合中国烹调习惯的家庭。然而，其存在一些不足之处，如长时间工作可能让人感到压抑，容易导致身体疲劳，而且厨房与就餐区的联系不够方便。

(3) 餐厅式厨房。餐厅式厨房是一种将就餐区域与厨房融为一体，同时拥有较大独立性的封闭式厨房设计。这样的厨房结合了开敞式和封闭式的优点，但对灶具和抽油烟设备有较高的要求。要实现理想的厨房，必须进行现场丈量，进行合理规划和实用的布局设计，以达到实用、易清洁和个性化的目标。

3. 厨房的空间布局

在厨房的空间布局中，有多种不同的方式，每种方式都有其独特的特点和适用场景。

(1) 单排型布局：将所有设备沿着厨房的一侧布置，适合厨房设备数量较少、尺寸较小的情况。设备按操作顺序布置，操作简便，适用于小型厨房。家具利用率较低，适用于设备数量较少的情况。

(2) 双排型布局：工作区沿两对面墙进行布置，提高了空间利用率，但不便于操作。适用于空间较大、需要增加利用率的情况。厨房的净宽不小于 1.7m。

(3) L 型布局：将清洗、配膳与烹调三大工作中心配置于相互连接的 L 型墙壁空间。占用空间相对较小，可以形成三角布局，经济实用。L 型的一面不宜设计过长，以免降低工作效率。

(4) U 型布局：共有两处转角，功用大致相同于 L 型。需要较大的空间，应尽量将工作三角设计成正三角，减少操作者的劳动量。储存、清洗、烹调三大功能区应设计成带拐角的三角区。

(5) 岛式布局：在中间布置清洗、配膳与烹调中心，需要较大的空间，可以结合其他布局方式。适合有较大面积的厨房，也可以设置餐桌和烤炉等设备。

(6) 组合型布局：当空间足够大时，可以灵活组合以上任何一种方式，或两种搭配组合，以更好地利用整个厨房空间，达到完美效果。

每种布局方式都有其适用的场景和优劣势，应根据个人需求、厨房空间大小和使用习惯来决定。

4. 厨房的设计原则

(1) 功能齐全，操作简便：家具布局要合理，确保常用物品容易拿取。各个功能区的设备摆放要有序，以提高操作效率。

(2) 安全有保障：确保水、电、煤气和火的集中区域设施安全。灶台、煤气管道、电线之间要保持安全距离，使用防水防火的材料提高安全性。

(3) 选择易清洗的家具：选择易清洗的材料，如铝塑吊顶和光滑易洗的厨具，以方便保持厨房的整体清洁。

(4) 合理的空间布局：由于厨房油烟多，布局需与其他房间不同。要确保良好通风，同时合理规划工作区，提高操作舒适度。

(5) 其他设施齐全：包括抽油烟机等设施，以有效处理油烟问题。设计地漏有助于水流畅排出，保持地面干燥和清洁。

(6) 工作中心的设置：配膳、清洗、烹调中心的设置是厨房设计的核心。

每个中心都应考虑到电源插座的方便性，同时橱柜的设置有助于物品的整齐存放。

这些要点涵盖了从操作便捷性、安全性、清洁度、通风性到设备配备等方面的关键考虑因素。一个合理设计的厨房不仅提高了生活品质，还能够减少不必要的麻烦。

（六）卫生间

卫生间是家庭中一个具有多重功能和私密性的空间，除了提供基本的功能，如沐浴和排便外，也是进行家务活动的地方，例如洗衣和更衣。随着居室卫生空间的发展，一些额外的活动，如桑拿浴和健身也融入其中，使得卫生间的功能更加多元化。卫生间配备了必要的设施，例如洗脸盆、浴缸、淋浴喷头和抽水马桶，这些设施占用的空间相对较小，通常约为 3 至 4 平方米。

在理想的住宅布局中，每个卧室都应配备独立的浴室。然而，通常更常见的是双卫生间的设计。双卫生间是指住宅内设置两个卫生间，其中主卫生间通常位于主卧室附近，而次卫生间则位于客厅附近，供其他家庭成员使用。主卫生间更加私密，设计应满足主人的各种需求，并与其个人喜好相匹配。可以考虑选择高档设备，如浴缸，并配备梳妆镜等。次卫生间若仅供客人使用，则设计应简单实用；若需兼顾家庭成员个人使用，则可以选择淋浴设施而不是浴缸。在此情况下，可以采用与主卫生间相似但更为简洁的装置，风格以简洁明快和大众化为佳。

1. 卫生间的布局形式

（1）分隔型。卫生间内的浴室、厕所、洗脸间等各自独立，优势在于能够同时使用各个区域，特别是在高峰时期，可以减少互相干扰，各功能区域明确，使用方便舒适。不足之处在于占用空间较多，建造成本相对较高。

（2）综合型。将浴盆、洗脸盆、便器等卫生设施集中在一个空间，被称为综合型。其优势在于节省空间且经济，管线布置较为简单。然而，缺点在于同一时间只能供一个人使用，可能影响其他人的使用，不适合人口众多的家庭。

（3）折中型。卫生空间中的基本设备，部分独立而部分合并在一室的情况被称为折中型。折中型的优势在于相对节省一些空间，组合灵活自由，但缺点是部分卫生设备置于一室时，仍存在互相干扰的情况。

2. 卫生间的设计原则

（1）提供齐全且方便使用的设备，确保其质量有保障。

（2）强调安全性，特别是电器的安全，合理设置开关和插座位置，确保插座不暴露在外。进行室内线路的密封防水和绝缘处理，采用防水防滑的瓷砖装置。

（3）确保卫生间的私密性，选择坚固且有装饰效果的门窗，以保障私密空间。

（4）注重清洁性，保持顶面、地面和墙面的整洁，选择易清洗的装修材料。

（5）确保卫生间通风良好且采光充足。采用自然通风和人工通风相结合的方式，例如安装有窗户的卫生间，同时考虑加装换气扇以排湿。灯光设计要明亮。

（6）装修风格与整个居室风格保持一致，形成统一和谐的整体感。

（七）储藏室

在家庭生活中，无论是为了方便日常使用还是为了美化家居环境，都需要有足够的储藏空间。尽管现代室内空间相对有限，客厅、餐厅和厨房等通常都配置了具有储藏功能的家具，因此单独设置储藏室的情况较为罕见。

储藏室的设计原则包括：

（1）注重方便实用。应考虑储藏操作的便捷性和灵活性，确保物品可见度和空间封闭性，合理分类储藏物品。

（2）确保室内干燥，防止物品发霉。可以将门或墙体设计成条形窗格状，保持空气流通，节省空间。

(3) 保持室内整洁，选择易清洗的材料。使用容易清理的材料，确保储藏室内始终保持清洁。

(八) 阳台

阳台是人们进行各种活动的场所，如呼吸新鲜空气、接受阳光、体育锻炼、种植花卉、欣赏景色、休闲放松等。建筑结构中常见的有悬挑式、嵌入式和转角式三种，面积通常在4~10m^2之间。在设计时，可以考虑将阳台打造成开放式或封闭式的书房、健身房、休闲区或养花种草的空间，以实现实用、宽敞和美观的原则。

阳台的设计要点包括：

(1) 与房间地面保持一致，扩大空间感，有效连接室内外空间。集合式公寓的阳台外观要保持一致，不可随意改变。

(2) 注重防水处理，特别是水池的排水系统。确保水池适中，排水通畅；门窗的密封性良好，防水框向外；地面具备合适的坡度，确保排水通畅。

(3) 考虑建筑结构的限制，尤其是与居室之间的承重墙体。阳台底板的承载能力每平方米为200~250千克，放置物品时要注意不超过设计承载能力，确保阳台的安全性。

(4) 重视通风和采光设计，避免吊顶过低影响阳台的通风和采光。可以采用各种吊顶方式，如葡萄架吊顶、彩绘玻璃吊顶等。

(5) 合理安排花卉盆景，确保各种植物能够充分吸收阳光，方便浇水。可采用自然式、镶嵌式、垂挂式和阶梯式等种植方法。

(6) 对于有多个阳台的住宅，需分主次进行设计，主阳台可用于休闲，次阳台则主要用于储物、晾衣等。

(九) 通道

通道是连接不同空间的媒介空间，除了起到划分和连接的作用，还可以兼具其他功能，如读书、就餐和交谈。通道的设计应避免狭长感和沉闷感，同时可以通过美化环境突显其他空间的功能。

楼梯是通道设计中重要且特殊的组成部分，包括直梯、弧形梯和螺旋梯等形式。设计时需遵循规范，确保净宽符合要求，以便搬运家具和日常物品上下楼梯。楼梯的踏步宽度、高度等也有相应规定，应考虑家庭成员的身体状况，选择适宜的楼梯形式。

通道的设计要点包括：

（1）采用多种设计手法，如隔断空间、悬挂字画、局部趣味中心或小景点等，使通道更有趣味。

（2）利用地面材料或图案划分和美化通道空间，重点设计体现在墙面和天花板上，符合“占天不占地”的原则。

（3）结合使用频率与其他空间，缓解狭小空间的压迫感，使通道更具实用性。

（4）根据家庭成员身体状况选择楼梯形式，特别关注老人和儿童的需求，如选择坡度小、宽踏板、矮梯级的楼梯。

（5）楼梯的材质有木楼梯、混凝土楼梯、金属楼梯等，根据性能和造价选择适当的材质。

（6）楼梯设计要注意细节处理，如避免碰头问题、利用底部空间、减小噪声、使用环保材料等。

（十）门厅

1. 门厅的功能

门厅的核心作用在于为人们进入室内提供缓冲，是换鞋和整理外衣的场所。作为室内外过渡的空间，它可以减轻视线和噪声对居室的干扰，同时强调私密性、防风保暖、隔热保温和通风等方面的效果。

2. 门厅的分类

根据大小的不同，门厅可以分为走道和门厅。走道是从大门通向各个居室的短而窄的通道，而门厅不仅在面积上有所增加，更重要的是在功能上，从简单的室内通道演变为具有特定居室功能的场所。这种演变标志着居室建设由单一功能空间向多功能空间过渡，从居住封闭型向生活开放型发展。

3. 设计原则

门厅作为居室入口的缓冲区，其设计风格应与客厅保持整体一致，同时展现出独特的个性。在设计中，要追求简洁而生动的风格，注重独特性和易于识别。首先，门厅需要具备充足的储藏功能，以确保有足够的空间，方便家人和客人脱衣、挂帽、换鞋等。其次，门厅应具备充分的展示功能，可以通过装饰效果良好的艺术品、鲜花等元素来丰富空间。最后，要重视安全性，通过遮挡视线进入客厅，避免客厅被直接暴露，以提高居室的层次感和私密性。

四、居住空间的设计风格

风格确实是设计的灵魂，是通过造型语言展现的艺术品格和风度。它是人类生活和智慧的独特体现。在居住空间设计中，风格的形成是时代思潮和地域特色的反映，逐渐演变为具有代表性的设计形式。典型风格的塑造通常与当地的人文因素和自然条件息息相关，在内外因素的相互作用下形成。设计风格的演变也受到居住者文化、艺术背景以及各种情感和品位等因素的影响。它不仅仅是视觉上的表达，更是对生活方式、情感体验的诠释。随着居住空间设计领域的不断发展，设计风格的定位变得更加多元，反映了个体化、文化多样性以及不断变化的审美趋势。

（一）传统风格

传统风格的室内设计是在多个方面吸取了传统装饰的特征，涵盖了布置、线形、色调、家具以及陈设的造型等方面。主要的传统风格包括中式风格、日式风格、欧式风格以及东南亚风格。

1. 中式风格

中式风格的核心体现在传统家具（主要以明清家具为主）、装饰品以及清灰、粉白、棕色为主的装饰色彩。中国传统室内装饰艺术的特点在于整体布局的对称均衡和端庄稳健。在装饰细节上，注重自然情趣，精雕细琢花鸟、鱼虫等元素，追求古色古香的感觉，真正体现了东方文化的精髓。

近年来，“新中式”风格逐渐受到人们的喜爱，主要包括两个基本方面：一是对中国传统文化在当代背景下的演绎；二是在充分理解中国当代文化的基础上进行现代设计。

2. 日式风格

日式风格，又称和风风格，是日本文明与汉唐文明相结合的产物。装饰材料以木材为主，注重实用性。典型代表包括推拉式门窗、复合地板以及榻榻米式的卧室结构。这种风格强调简约、自然和极简主义，通过木质元素营造宁静、和谐的氛围。

3. 欧式风格

欧式风格涵盖了仿古罗马、哥特式、文艺复兴式、巴洛克、洛可可等多种风格，强调华丽的装饰、浓烈的色彩和精美的造型，旨在达到雍容华贵的效果。典型元素包括吊灯、罗马柱、线脚、壁炉等，通过家具和软装饰打造富丽堂皇的整体效果。

4. 东南亚风格

东南亚风格是结合了东南亚民族岛屿特色和精致文化品位的家居设计方式。设计中广泛使用木材和其他天然原材料，如藤条、竹子、石材、青铜和黄铜。家具偏向深木色，配以金色的壁纸和丝绸质感的布料，注重灯光的变化来体现稳重和豪华感。这种风格融合了自然元素，展现了一种独特而温馨的氛围。

（二）现代风格

现代风格起源于包豪斯学派，该学派强调突破旧有传统，特别重视创新建筑理念。它高度重视建筑的功能和空间组织，专注于展现结构自身的形式美，追求简洁的造型，反对多余的装饰，崇尚合理的构成工艺。包豪斯学派开创了非传统的、以功能布局为基础的不对称的构图手法。在现代风格的设计中，色彩强调柔和且明快，特别注重大胆创新。装饰织物的色彩质朴，图案简洁，通常包括波纹、条纹、小几何图形以及一些简约的动物纹样。家具以实用为主，线条简洁流畅，尽量避免过多的装饰。照明设计倾向于使用自然光，灯具则通常采用流线型和简洁的设计。现代风格的设计广泛应用新材料和新技术，强调对材料性能的尊重。整体而言，现代风格追求简约、功能性和创新，体现了对当代生活方式的理解和回应。

（三）后现代风格

后现代风格是在对现代主义的批判中逐步发展形成的，强调建筑及室内设计的延续性、历史性，同时摆脱传统逻辑思维方式的束缚，积极探索创新造型手法。相比现代主义所倡导的“少即是多”的理念，后现代风格反对简单化和模式化，强调室内设计的复杂性和多样性。在后现代风格设计中，通常运用大胆的装饰和色彩，使设计形式具备更多的象征意义和社会价值。设计注重人情味，经常对传统式样进行夸张、变形和重新组合。有时采用非传统的手法，如混合、叠加、错位、裂变以及象征、隐喻等手段，旨在创造一种融合感性与理性、传统与现代、大众与专业的“既是这样又是那样”的居住环境。后现代风格体现了对多元化和开放性的追求以及对设计的个性化和独创性的重视。

（四）自然风格

自然风格在19世纪末的工艺美术运动中首次崭露头角，其主张回归自然，美学上推崇与自然的结合。在现今喧嚣的城市生活中，人们对自然有着深深的眷恋。因此，在居室设计中，自然风格充分考虑室内环境与自然环境的互动关系，将自然的光线、色彩、景观引入室内，营造绿意盎然的环境。在自然风格的设计中，常常利用自然条件，通过大面积的窗户和透明天棚引入自然光线，保持空气的流通，将界面处理简化，减少不必要的复杂装饰所带来的能源消耗和环境污染。采用天然木材、石材、藤、竹等质朴的材质纹理，创造出质朴自然、粗犷原始的美感。巧妙地设置室内绿化，打造自然、简朴、高雅的氛围。此外，自然风格的设计还要充分考虑材料的可回收性、可再生性和可利用性，以实现可持续发展的理念。这种风格强调对自然的尊重，使居住空间成为人们与自然和谐共生的场所。

（五）新装饰主义风格

新装饰主义风格，源自 1925 年的法国巴黎世博会，于 20 世纪 20 年代在美国盛行，受到贵族阶层的热烈欢迎。这种风格以色彩纯净鲜艳、采用几何图案、材料充满质感为显著特征，同时展现出高贵神秘的气氛，且不夸张，完美融合了古典与现代元素，充分展现了新时代机械化生产与贵族情结的紧密结合。

在 20 世纪 90 年代，新装饰主义风格在欧洲再次崭露头角，特别是在法国设计师的重新诠释下，融入了更为时尚的元素。该风格大量运用花卉、植物以及昆虫幻化的曲线，突显出“女性风格”的特征，圆润且富有层次感。新装饰主义风格不仅满足了追求小资生活的阶层对独特设计的渴望，更符合现代生活方式和习惯，同时展现了独特的古典韵味。

（六）融合型风格

融合型风格是一种创新型的装饰风格，它将感性元素与理性元素、传统元素与现代元素、东方元素与西方元素有机地结合在一起。在室内布置中，它不仅展现了西方情调，同时也蕴含着东方神韵。例如，传统的屏风、摆设和茶几可以与现代风格的墙面、门窗以及新型沙发相搭配；欧式古典的琉璃灯具和壁面装饰可以与东方传统的家具、埃及的陈设等相结合。尽管融合风格在设计上灵活多变，综合运用了多种风格元素，但设计者仍需独具匠心，深入考虑形体、色彩、材质等因素，以实现总体构图和视觉效果的完美融合。

（七）田园风格

田园风格大量采用木材、石材、竹器等自然材料，通过自然物营造自然情趣。它在室内环境中创造出“原始化”和“返璞归真”的氛围，真实地体现了自然的特征。

在美学领域，田园风格崇尚自然美，强调展现悠闲、舒畅、自然的田园生活情趣。现代人对自然环境的渴求以及对乡土的眷恋，使得人们将思乡之情和恋土之情融入室内环境的空间、界面和各种装饰元素中。因此，田园风格受到了很多文人雅士的喜爱和推崇。

五、居住空间设计的原则及发展趋势

（一）居住空间设计的原则

居住空间设计是一个综合考虑物质和精神需求的过程。物质方面的需求包括实用性、经济性、舒适性等，确保居住环境满足人们的基本生活需求，提供便利和舒适的生活体验。而精神方面的需求则包括艺术性、文化性和个性化，使居室不仅仅是功能性的空间，还能反映居住者的审美品位、文化背景以及个性特征。在以人为核心的设计原则下，设计师需要深入了解居住者的生活习惯、喜好、文化传统等，以确保设计能够贴近居住者的需求和价值观。综合考虑物质和精神方面的需求，设计出既实用又具有个性和美感的居住空间，是追求居住者满意度和生活品质提升的关键。其设计原则如下：

1. 坚持实用性和经济性统一的原则

设计过程中应充分考虑室内物理环境、家具、绿化等方面的实际需求，并确保满足功能性要求。为了实现这一目标，设计师需要深入掌握人体工程学、环境心理学、审美心理学等领域的知识。同时，室内环境的实用性还涉及空间组织、家具设施、灯光、色彩等多个因素，这些也需要在设计中予以关注。经济性是指通过最小的成本达到预期目标，但并不意味着简单地降低成本，而是在不损害施工效果的前提下，追求生产效益和有效性。因此，设计师需要在确保设计质量的前提下，合理控制成本，以实现经济性的目标。

2. 坚持科学性和艺术性统一的原则

居室设计应充分体现当代科学技术的发展，将新的设计理念、标准、材料、工艺设备和技术手段应用于具体设计，为人们的生活提供更多便利。在设计中，我们应注重对现代科技的运用，这不仅体现了科学性，还强调了创新。同时，我们还应关注室内美学原则，在设计中展现表现力和感染力，以创造令人愉悦且富有文化内涵的室内环境。美是一个随着时间、空间和环境变化的概念，因此在设计中要注重创造适应不同情境的美感。这种美感不仅要有创新性和艺术性，还要具有适应性和可变性，以适应不同时间和空间的需求。

3. 坚持个性化和文化性统一的原则

设计必须具备独特的风格，因为缺乏个性化的设计将导致作品缺乏生命力和艺术感染力。在设计的构思和深入过程中，必须融入新颖、巧妙的设计理念，为作品赋予独特的生机。此外，考虑到不同民族和地区具有各自独特文化和地理背景，居住空间的设计也应呈现出不同的特色。同时，业主的年龄、性别、职业、文化程度和审美趣味各不相同，因此他们的居住空间设计也应是独特且个性化的。文化是人类在社会实践中所创造的物质和精神财富，具有历史继承性、民族性和地域性。因此，居室设计应积极展示国家、民族和地域的历史文化，为整个环境注入一定的历史文化内涵。这样的设计不仅赋予了空间独特的文化价值，也满足了业主对文化传承的追求。因此，在居室设计中注入文化内涵，不仅是对历史和文化的尊重，也是对业主个性和文化背景的尊重。

4. 坚持舒适性和安全性统一的原则

舒适的居室设计应充分考虑充足的阳光、清新的空气、宁静的生活氛围、丰富的绿地以及宽敞的室外活动空间等因素。一个舒适的空间能为人们提供更多精神层面的享受。安全需求在人的需求层次中仅次于基本的吃饭、睡觉等生理需求，是第二位的需求。这包括个人私生活不受侵犯、个人财产安全不被侵害等。因此，在居室设计中，对空间划分、组合处理、物理环境设计和家具陈设等方面的考虑不仅要体现舒适性，还要有利于环境的安全保卫。这种统一原则确保了居住者既能享受舒适的生活，又能在安全的环境中生活。

5. 坚持生态性和可持续发展统一的原则

在进行室内空间规划时，维护生态平衡至关重要，需要全面贯彻协调共生、能源优化利用、减少废弃物、循环再生等环保原则。同时，积极防范环境污染，并尽可能让居住者更多地接触自然环境，以满足人们对回归自然的心理需求。为了实现这些目标，可以采取一系列具体措施，包括节约能源、充分利用自然光和通风、借助自然因素改善室内气候，并根据不同地区的特点应用先进技术。

可持续发展的核心理念是推动人与自然的和谐共存，并最终构建一个环境友好型、资源共享型的社会。在居室设计过程中，首要考虑因素是日后的室内布置调整、材料和设施的更新可能性。此外，节能、空间的高效利用以及协调人与环境、人工环境与自然环境的关系也是至关重要的。设计时不仅要预见到更新与变化的需求，还要关注能源、环境和生态等方面的可持续性。这一原则确保了设计在满足当前需求的同时，也能够为未来的可持续发展奠定坚实基础。

（二）居住空间设计未来的发展

未来的居室设计将呈现绿色设计的趋势，这涵盖两个方面的含义：首先，室内空间所使用的材料必须采用新技术，以满足洁净的“绿化”标准；其次，需要创造生态建筑，使室内空间系统能够实现自我调节。同时，绿化手段在室内外空间广泛应用，通过绿色植物创造人工生态环境。

未来人们对室内环境的要求将更加全面，包括采光、日照、通风、空气质量等因素。居室设计需要考虑房间布局的合理性，实现动静分区和洁污分离。主要居住的房间要求阳光充足，设施完善，满足节能需求。设计形式将更趋现代、贴近自然，具有时代感，体现自由和家庭的亲切。对外观的质量和材料也有更高的要求，新技术和新材料的发展为多样化的形式提供了可能性。

智能化设计是未来发展的方向之一。随着城市网民数量的增加，房地产开发商将根据买家的需求建立家庭办公自动化设施，实现全方位的智能化防盗和一卡通消费系统等。

随着东西文化的融合，人们对新事物的接受能力增强，对多种风格形式的适应能力提高，居室设计将呈现多元化的发展趋势。这表明未来的居室设计将综合考虑环保、科技、人性化等多方面因素，以创造更适应未来生活方式的居住环境。

第四节　室内植物装饰设计

一、室内植物装饰的概念及应用

（一）室内植物装饰的概念

室内植物装饰的兴起与科技的进步和城市现代化的发展密不可分。这门新兴学科旨在通过在建筑空间中引入自然元素，创造出与自然融为一体、协调发展的生存空间。室内植物装饰的目标是在现代建筑中打破人与自然之间的隔阂，提供一种回归自然的体验。

在室内植物装饰中，观赏植物被用于绿化和美化建筑内部空间，如宾馆大堂、餐厅、会议厅、商店和居室等。这不仅是为了追求美感，更是为了满足人们对自然的崇尚和返璞归真的审美趣味。室内植物装饰是现代审美情趣的一种反映，人们希望在享受现代科技带来的便利的同时，能够与植物相伴。另一方面，室内植物装饰也可以理解为根据室内环境的特点，以观叶植物为主的观赏材料，结合室内环境和人们的生活需求进行装饰美化。这种美化不仅仅满足审美需求，更是考虑到人们的生理和心理需求，通过设计、装饰和布置，使室内室外融为一体，实现人、室内环境和大自然的和谐统一。室内植物装饰的定义可以概括为在人为控制的室内空间中，科学、艺术地引入自然界的植物和其他有关素材，创造出自然风情和美感充沛的空间环境。

（二）室内绿化装饰的应用

不仅可以增添自然气息和美化室内环境，而且有助于净化空气、减轻污染，提升身心健康。随着我国居住条件的改善和物质文明、精神文明的提高，越来越多的人关注并青睐室内绿化装饰。

室内绿化装饰不仅是一种物质行为，更是一种精神行为。它以较少的财力和物力达到松弛精神、消除机械单调形式、平衡和改善生理和心理状态的效果。绿色植物的存在赋予居室灵性，即使是一花一草，也使灵性与人同在。

美的创造是一个需要时间和过程的过程，同时也需要个人的审美能力与艺术修养。拥有绿色植物的居室不仅涉及植物品种和栽培知识，还包含着视觉形式美的规则。美的创造需要个人去了解、去实践，从而将绿化装饰发挥到最佳效果。

二、室内植物装饰的类型

（一）室内观赏植物

1. 室内观赏植物的来源

室内观赏植物通常来自野外环境，而室内环境与其自然生长环境存在差异。在室内创造对植物友好的环境需要考虑诸多因素，包括光照、温度、湿度、通风和土壤等。然而，完全模拟野外环境对于人类居住来说可能会带来一系列难题。为了保证人类的舒适度，我们需要在尽量满足植物的需要的前提下进行室内植物的管理。这意味着我们需要了解植物的生态习性，包括其光照需求、温度适应范围、湿度要求等。通过合理调整这些因素，我们可以创造一个有利于植物茂盛生长的室内环境，同时不影响人类的生活和工作。例如，选择适应低光照条件的植物放置在较阴暗的角落，提供适量的水分，避免过度浇水或过于干燥。对于温度敏感的植物，保持室温在它们所需的范围内。此外，定期通风也是维持室内空气新鲜的关键。在实际管理中，我们可以选择适应室内环境的植物品种，同时灵活调整光照、温湿度等因素，以创造一个既符合植物生长需求又舒适宜人的室内环境。

（1）热带雨林地区植物。热带雨林地区主要指东南亚、澳大利亚东北部、非洲赤道地区以及中美洲与南美洲。此地区的气候以常年高温、温差小、无四季之分，分为雨季和旱季为特点，雨季降雨量大。热带雨林地区的持续高温、高湿以及充沛的降雨为植物提供了茂盛、持续而多样化的生长环境。在野生的条件下，藤本植物如绿萝、麒麟叶、龟背竹、蔓绿绒等可以爬上大树的顶部。在室内栽培中，人们常利用湿润的苔藓柱或架面来辅助造型，模仿它们在野外攀爬的状态。覆盖着苔藓的大树枝上生活着许多附生植物，如蕨类、兰花以及观赏凤梨（如光萼荷、水塔花、铁兰、丽穗凤梨等），它们喜欢居于森林基层的生物竞争之上。根据这一生态习性，可以在树皮上栽培这些植物或悬吊在篮子中做室内装饰，以模仿热带雨林的氛围。由于树冠的遮挡作用，热带雨林阴暗潮湿的地面不会受到太阳的直射，这样的环境正是一些主要观叶植物，如广东万年青、红鹤芋、竹芋类、花叶万年青和合果芋等的天然居所。在室内环境中，这些植物需要温暖、潮湿的空气条件，并避免阳光直射。通过模拟热带雨林的生态条件，可以为室内创造出适合这些植物茂盛生长的环境。

（2）干旱或半沙漠地区植物，主要指原产于热带、亚热带干旱地区的室内观赏植物。此地区气候特征为周年雨水稀少，干燥，阳光充足，白天温度高，夜晚可能降至冰点以下。其中，仙人掌类多浆植物是典型的代表，多数原产于南、北美热带和亚热带大陆以及附近一些岛屿。这些植物具有多汁的组织结构，能够适应干燥的气候，并在长时间缺水的情况下存储水分。其他多浆类植物，如生石花、佛手掌、绿铃、弦月、芦荟、沙鱼掌、龙舌兰、松鼠尾等，大多来自南非。这些植物在室内环境中需要特殊的管理，因为它们通常对于高温、强光和较少的水分更为适应。为了模拟它们在原生环境中的条件，室内栽培时需要提供充足的阳光，控制适宜的温度，同时避免过多的浇水。这样可以确保这些来自干旱地区的植物在室内保持健康生长。

从产地及生态环境上看，可以把上述植物分为三类：

a. 原产热带或亚热带干旱地区或沙漠地区的植物。这些植物在土壤及空气极为干燥的条件下生存，借助茎、叶的贮水能力生长、存活。典型代表如金琥，原产于墨西哥中部沙漠地区。这类植物通常具有耐旱的特性，能够在干燥的环境中存储水分，适应高温和阳光充足的生长条件。

b. 原产热带或亚热带的高山干旱地区的植物。这些地区由于水分不足、日照强烈、大风及低温环境条件形成了矮小的多浆植物。它们的叶片多呈莲座状或被蜡层及绒毛覆盖，以减弱高山强光及大风的损害、减少过分蒸腾。为了在不影响贮水情况下减少蒸腾的表面积，这些植物的体态多趋于球体及柱形，具有棱肋，雨季时可以迅速膨大，将水分贮存在体内，干旱时则体内失水后皱缩。某些种类还有毛刺或白粉，可减弱阳光的直射，表面角质化或被蜡层也可防止过度蒸腾。

这两类植物长期适应少水的环境，形成了与一般植物代谢途径相反的适应性。它们在夜间空气湿度相对较高时，气孔张开吸收 CO_2，白天气孔关闭，可避免水分的过度蒸腾。在室内环境中布置这些植物有利于净化空气。考虑到它们喜欢炎热、干燥环境，最适宜将其放置在阳光充足的窗台或房间中。

c. 原产热带森林中的各种附生仙人掌类。这类植物通常不生长在土壤中，而是附着在树干、阴谷的岩石上。典型代表如巴西的假昙花和仙人指以及墨西哥、中美洲和印度西部的昙花。它们原生于森林中，不能忍受夏季炎热阳光的暴晒，在室内栽培时需要适当遮阴。

(3) 地中海式气候地区植物。地中海式气候，一种温暖的气候类型，其特征处于热带雨林和半沙漠气候之间，最低温度通常在 4 ~ 10℃之间，而夏季平均温度则为 20° 至 25° 摄氏度。该气候条件主要分布于地中海盆地、南非、澳大利亚东南部、美国西南部的一些区域以及智利中部等地。许多观赏植物，如风信子、郁金香、水仙、仙客来、欧石南、天竺葵、鹤望兰、唐菖蒲、石竹、君子兰、酢浆草以及许多棕榈等都起源于这种气候条件。这些植物在室内理想的生长条件为温暖、阳光充足和保持湿润的环境。

虽然室内观赏植物来自野外，具有各自的生态习性，但它们通常表现出较强的适应性，能够在一些相对恶劣的环境下生存，甚至可能在与原产地的环境截然相反的环境生存。因此，在室内种植这些植物时，不必过于拘泥于它们的原产地，只要提供适当的环境条件，这些植物通常都能够适应生长。

2. 室内观赏植物的类型

（1）观叶植物。观叶植物在室内造景中扮演着重要的角色，它们以丰富多彩的叶片色泽、形态和质地为人们提供视觉的享受。这类植物主要分布在热带和亚热带地区，对于室内环境要求较为宽松，适应性强。观叶植物通常耐阴，喜欢在室内散射光的条件下生长，因此也被称为阴生观叶植物。

这些植物在原产地通常生长于林下，因此室内正常光线下它们能够长时间保持吸引人的外观，有的甚至能保持多年。观叶植物对于环境的适应性较强，适宜在室温 20℃左右的条件下生长，而且多数能够耐受一定的湿度变化。

常见的观叶植物有苏铁类、龙舌兰类、龙血树类、富贵竹、朱蕉类、南洋杉、垂叶榕、花叶榕、橡皮树、红背桂、八角金盘、变叶木、散尾葵、棕竹、短穗鱼尾葵、鹅掌藤、龟背竹、花叶万年青、广东万年青、蕨类、海芋、花叶芋、旱伞草、一叶兰、虎尾兰类、文竹类、冷水花类、凤梨类、竹芋类、花烛类、网纹草类、白花紫露草、麦冬类、椒草类、秋海棠类、虎刺梅等。

这些植物不仅能够美化室内环境，还能提升空气湿度，为人们创造一个宜人的生活空间。

（2）观花植物。观花植物在室内观赏中以其美丽的花朵和独特的芳香而备受欢迎。这类植物在室内条件下能够开花，并有较高的观赏价值。观花植物对于光线的要求相对较高，需要充足的阳光，因此在室内的布置相对受限。但通过人工灯光和温度的控制，观花植物仍然可以在需要的时节开花，为室内环境增添色彩和生机。

选择观花植物时应考虑花色鲜艳、季节性强、花期较长或者花叶并茂的品种。这些植物以其各具特色的花朵，如栀子花、桂花、月季、山茶、杜鹃花类、米兰、含笑、扶桑、龙船花、君子兰、马蹄莲、瑞香、倒挂金钟、八仙花、大花蕙兰、蝴蝶兰、铃兰、兜兰、春兰、文心兰、鹤望兰、玉簪、水仙、火鹤花、瓜叶菊、大岩桐、白花紫露草、旱金莲、报春花、非洲紫罗兰、龙吐珠、四季海棠、荷包花、迎春、金苞花、天竺葵等，为室内空间带来了视觉和嗅觉上的愉悦。

（3）观果植物。观果植物在室内绿化中具有独特的观赏特性，以果实为主要观赏特征。这类植物要求果实具有美观的形状或鲜艳的色彩，而不以味道为主要考量。观果植物的果实成熟后，常以红紫色为贵，黄色次之，这些色彩使其成为秋天的象征，为室内环境增添了丰富的色彩。

在室内绿化中可用的观果植物相对较少，但常见的大型果实包括石榴、金橘和苹果等。小型果实较多，如火棘、万年青、枸骨、南天竹等。这些植物的果实在成熟后常呈现红色（如万年青、枸骨），或者黄色（如金橘），成熟过程中还可能有从绿色到红色的各种变化。观果植物在室内放置时，能够吸引视线，为室内空间带来生机和活力。

观果植物与观花植物一样，需要充足的光线和适当的水分来保持果实的大小和色彩。在选择观果植物时，可以优先考虑那些花果并茂的品种，如石榴，或果叶并茂的品种，如艳凤梨，以增加室内空间的观赏价值。

（4）藤蔓植物。藤蔓植物包括藤本和蔓生性两类。

a. 藤本植物：茎节点上有气生根、卷须或吸盘等结构，可以附着在柱、架、棚等上，形成独特的观赏形态，例如常春藤类、龟背竹和绿萝。茎没有附着结构，完全依赖软茎缠绕在造型物体上生长，如文竹、龙吐珠。这些植物由于没有固定结构，更容易进行人工造型，形成各种形态的植物艺术。

b. 蔓生性植物：如吊兰和天门冬。植株不直立，而是平卧或下垂，适合吊盆栽植。藤蔓植物通常用作室内垂直绿化的背景，但一些品种，如茑萝类、牵牛花属植物，或者具有艳丽花朵或独特叶形的植物，例如龟背竹，也可以作为室内绿化的主景植物，为室内环境带来生气和美感。

（5）水生植物。水生植物主要包括观花植物（如荷花、睡莲、花菖蒲）、观叶植物（如花叶芦竹、水族箱中的水草）、观果植物（如香蒲）。根据它们的生活方式和形态，水生观赏植物可分为挺水植物、浮叶植物、漂浮植物和沉水植物：

a. 挺水植物：这类植物一般植株较高大，茎直立，根部生长在水中，大部分的植株部分挺出水面，如荷花和香蒲。

b. 浮叶植物：这些植物的茎较为细弱，不能直立，根状茎发达，根部生长在水下泥中，不会随风漂移，例如睡莲和菱角。

c. 漂浮植物：这类植物的根不生于泥中，植株随风漂移，大多数对寒冷环境不太耐受，如布袋莲和浮萍。

d. 沉水植物：整个植株浸没在水下，主要是观叶植物，如细金鱼藻。

水生观赏植物在室内环境中不仅为人们带来美丽的景色，还有助于提升空气质量和调节生态平衡。

室内装饰的选择中，假植物也占据一席之地。这些植物是由各种人工材料制成，包括塑料、绢布甚至金属，经防腐处理后仍能保持鲜活形态。尽管假植物在健康效益和多样性方面不如真植物，而且价格较高，但在一些不适合鲜活植物生存的场所，或为了减少养护管理费用，使用假植物进行装饰是一种较好的选择。

在现代室内设计中，通过各种丰富的人工造景素材模拟自然，创造出真假难辨的效果。例如，在广东新会市口岸联检楼的大型拱形光棚大堂“小鸟天堂”景观中，真榕和假榕混为一体，构成了一片真假难辨的榕林，展现了极具创意的效果。

一些现代园林设计师借助科技手法，如英国的玛莎·舒沃茨设计的“拼合园”中的修剪绿篱，就是采用太空草皮的卷钢制成。日本设计师的景观作品“风之吻”则使用碳纤维钢棒，营造出在微风中波浪起伏的“草地”或在风中摇曳沙沙作响的“树林”。

总的来说，假植物适用于光线过强或过弱、温度过低或过高、难以管理的地方以及一些结构不宜承受大型活体植物的场所。在特殊环境中，如医院的病房或对花粉过敏的家庭，也可以采用假花卉来美化环境。假植物不仅省去了养护的烦恼，还能在视觉上创造出独特的装饰效果。

3. 室内观赏植物的美学特性

（1）植物的外观。植物最为显著的天然特征是其外观形态。尽管在某些情况下，为达到特定的视觉效果，植物的形态可能经过修剪以适应所需的形状，但在室内环境中，引入自然线条和形态显得至关重要。这不仅与植物的外部轮廓相关，而且还涉及枝叶的生长密度、茎和枝的大小、数量以及复叶中小叶的排列方式等。虽然植物的形态随着其生长过程而发生变化，但总体外部轮廓基本上保持相对稳定。在室内环境中，常见的植物形态类型包括以下几种：

a. 球形和扁球形：由被子植物通过合轴分枝形成。合轴分枝是指枝的顶端芽在一段时间后分化成花芽或自然凋谢，然后由附近的侧芽取而代之继续生长，形成曲折的合轴。其特点是横轴等于或大于纵轴。这种形状主要见于双子叶乔木和灌木，是室内绿化的主要景观元素，例如榕树、桂花等；灌木如杜鹃，草本如天竺葵、秋海棠等。

b. 塔形和柱形：大多数由裸子植物的总状分枝产生。总状分枝是指枝的顶端有生长的优势，形成通直的主干或主蔓，同时依次发生侧枝，侧枝再形成次级侧枝。其特点是纵轴大于横轴，常用于强调视觉效果并增加空间高度的植物，如塔柏、南洋杉、罗汉松等。

c. 棕榈形：特点是大多数叶片聚集在枝顶，叶片较大。大多数棕榈科植物、苏铁类和百合科的龙血树属都属于这种形状。这种形状的植物个性鲜明，易于搭配同形植物，但与其他形状的植物搭配可能较难协调。

d. 垂悬形：枝条柔软下垂，有的甚至可触地，例如垂柳、垂枝桃，灌木中的迎春也属于这一类。这种形状的植物由于外形柔美，极易吸引视线，最适合与室内庭院的静水面相配合。

d. 莲座形：这是由基生叶形成的一种形状，即节间较短，叶子聚集在基部。这类植物通常是草本植物，它们的花茎直立，外形引人注目，如虎尾兰属、丝兰属、龙舌兰属的一些种类。

f. 不规则形：这是藤蔓植物的一种外观。由于藤蔓植物的茎柔软，其形状不固定，取决于其缠绕或附着的物体形状。这类植物包括具有吸盘、卷须等附着器官的攀缘藤本，如绿萝、龟背竹、常春藤等；仅依靠柔软茎缠绕附着的缠绕藤本，如文竹、龙吐珠；还有一类具有匍匐茎的植物，如吊兰等。

g. 竖向形：这类植物大多是单子叶植物，它们的茎或叶子直立，如百合、芦荟以及仙人掌科的天轮柱等。这些植物分枝较少，体积较小，呈现出直立的外观，给人一种清晰而明快的感觉。

(2) 植物的大小。植物的大小是其对综合生长条件长期适应的结果。在自然界，植物的大小差异极大，最高可达 150 米（例如澳大利亚的桉树），最小仅几毫米（例如浮萍），但通常在几厘米到几十米之间。在室内环境中，由于空间的限制和人体尺度的考虑，使用的植物高度进一步减小，除了那些贯通几层的中庭外，大多数植物高度都在 2 米以下。

根据室内空间的特点，可以将室内植物大致分为小型、中型、大型和特大型等类型。

a. 小型植物：这些植物的高度在 0. 3 米以下，包括一些矮生的一年生和多年生花卉以及匍匐、蔓生性植物，例如文竹、网纹草、景天、花叶芋、常春藤、吊竹梅、铁线蕨等。这类植物非常适合放置在桌面、台几或窗台上作为盆栽摆设，也可以用于吊兰、壁饰或瓶景栽植。

b. 中型植物：这些植物的高度在 0. 3～1 米范围内，包括一些中到大型的草花和小灌木，如君子兰、一品红、鹅掌柴、红背桂、马蹄莲、龟背竹等。这类植物既可以单独摆放，也可以与大、小植物组合在一起，作为室内的重点装饰。

c. 大型植物：这些植物的高度在 1～3 米之间，包括大多数灌木和一些小乔木，如南天竹、棕竹、变叶木、杜鹃、茶花、针葵等。许多高大的植物，如印度榕、白兰花等，室内通常限制在这样的高度范围。这类植物常被用作室内的重点景观或用于分隔空间，适合种植在地面的花池或花箱内。

d. 特大型植物：高度超过 3 米的植物被称为特大型植物，适用于室内多层共享空间的中庭以及商业和办公空间种植。这些植物包括南洋杉、榕树、棕榈科植物和竹类等，也可统称为室内树，为室内重要的观叶观花植物。除了观叶植物的特征外，树冠类型也是室内树的重要特征。常见的室内树类型包括棕榈形、圆形和塔形。棕榈形树冠包括棕榈科植物和龙血树类、苏铁类等；圆形树冠主要指一般的双子叶木本植物，如白兰花、榕树类；塔形树冠主要指针叶树，如南洋杉、罗汉松等。

室内树在室内绿化设计中发挥着创造空间和调整空间的作用，主要涉及枝下高的概念。枝下高越高，树下的空间就越大，反之则越小。例如，棕榈类中的乔木状单生型植物，如蒲葵、鱼尾葵以及双子叶植物中的印度榕、垂叶榕、白兰花等，枝下高可达 3 米以上；桂花、月桂等双子叶植物的枝下高可达 2 米，适合用来调节中庭空间。

在选择室内树种时，需要考虑植物的生长习性和根系状况。棕榈类植物一般不能进行修剪，其根系较浅，对建筑的荷载较轻，适合在空间较大的室内环境中生长；榕树类等双子叶植物可以通过修剪来调整其高度，但其根系较深，对建筑的荷载较重，适合在空间较小的室内环境中生长。因此，在选择室内树种时，需要充分考虑植物的生长习性和根系状况，以确保植物能够在室内环境中健康生长，同时避免对建筑造成过大的荷载影响。

(3) 叶形和花形。在室内绿化中，除了整体植物的形状外，叶形和花形也是需要考虑的重要因素。

叶形是植物相对持久且视觉效果较为强烈的特征。植物的叶子因叶脉、叶形、叶缘、复叶类型、着生方式等而形成明显的个体差异。叶子的大小也各异，大的叶子可达 1~3 米，例如海芋、蒲葵等；小的叶子则不足 1 厘米，例如文竹、天门冬、南洋杉等。

花形的观赏时间相比叶子要短得多，但在开花时其视觉特征最为强烈。花形包括花瓣分离的，也有合成筒状、钟状的；有辐射对称形的，也有两侧对称的；有单花的，也有多花集成花序的。花的形式千变万化，为室内植物景观提供了丰富多样的可能性。

(4) 植物的质感。质感在室内绿化设计中是一个重要的因素，它涉及植物的视觉和触觉表现。室内植物多为常绿的热带和亚热带植物，其质感主要由叶的大小、枝叶的疏密以及产生的光影变化所决定，大叶子通常有粗糙的质感，而小叶子则有细腻的质感。枝叶稀疏、空隙大，明暗变化明显会显得植物有粗糙的质感，例如龟背竹相比于天竺葵就更显得粗糙。而枝叶紧密、空隙小，明暗变化小则表现出细腻的质感。植物的质感还与叶子的性质有关，叶片结构的微细差异也为观赏效果增添了丰富性。有的呈现革质（比如凤梨类）、草质（比如芋类），有的多皱（如波士顿蕨、皱叶豆瓣绿）、多毛（比如虎耳草），还有的多汁（比如仙人掌类）。例如，榕树和橡皮树的叶色深绿且光亮，具有光影闪烁的效果；而肾蕨小叶卷曲而优雅，滴滴露水勾勒出叶子的皱波状，显得格外清新娇美。

质感会对人的心理产生一定影响。粗糙的质感会让人感觉空间较小，即具有趋近性；而细腻的质感则有趋远作用，使空间看起来更大。因此，将质感粗糙或叶片较大的植物放置在小空间内可能会使原有的空间显得更加狭窄，给人以局促不安的感觉；相反，将质感细腻或叶片较小而密集的植物放在大空间内可能无法展现出强有力的气势。此外，室内绿化还需要考虑种植容器的质感，以综合植物和容器的整体观感。

(5) 植物的色彩。在自然界中，绿色是叶子最基本也是最普遍的颜色。然而，为了适应不同季节的气候变化，一些植物的叶子颜色会发生变化，呈现出草绿色、深绿色、红绿色、黄绿色以及红色和黄色等不同的色彩。一些常绿的针叶植物还具有墨绿色和蓝绿色的叶子。为了提高叶子的观赏性，园艺师们培育出了色彩斑斓的彩叶植物，这些植物的叶子包括绿叶、红叶、斑叶、双色叶等。例如，变叶木的叶片通常呈鲜艳的黄色和橙色，而紫背万年青或吊竹梅则常呈娇艳的紫色。这些彩叶植物的培育和应用，为园艺艺术的发展增添了新的元素和色彩。

叶片的表面特性往往能衬托出其鲜艳的色彩，增强视觉对比效果，或者使彩斑显得更加柔和。例如，秋海棠的叶子表面呈现出皱褶或凹凸不平的形态，使得其彩色条纹更为突出。而变叶木的叶子则以辐射状向四周散开，金黄色的斑纹顺着叶脉延伸，形成了鲜明的对比效果。一些斑叶通常以绿色为基础色调，斑纹呈白色、灰色、银色、粉色、金色或黄色，构成了清晰且明显的图案。有的彩斑点缀在叶缘，形成了装饰边；有的形成横斜交叉的图案；有些则局限于叶面的某部分。例如，五彩凤梨的叶片在花期时中央呈血红色，与其余部分的绿色形成了强烈的对比效果。网纹草的叶片呈深绿色，乳白斑或红色斑纹沿着叶脉伸展，形成了精致的网状图案；花叶万年青的叶斑从中脉向两旁散开，看起来像是随意涂抹，与网纹草的细致条纹形成了鲜明对比，营造出了独特的艺术效果。

许多彩叶植物因其出色的耐低光特性，为室内设计师提供了丰富多彩的植物景观色彩素材。这些彩叶植物不仅具有观赏价值，而且适应能力较强，能够在低光环境下生长良好，为室内景观设计提供了更为广阔的选择范围和更多的可能性。

花是植物为了吸引传播花粉的生物而采取的一种适应机制。花瓣内不含叶绿素，而包括花青素（蓝紫）、胡萝卜素（橙）和叶黄素（黄），通过这三种色素不同比例的组合呈现出五彩缤纷的花朵。由于花期持续时间较短，培植成本较高，通常会应用在较为重要的时间和地点。此外，“红花还需绿叶衬”，在室内绿化设计中，应根据不同的季节选择不同植物的花，兼顾花期和培植成本，创造出四季多变的室内景观。

（6）植物的季相。植物群体在特定时间所呈现出的外观被称为季相。一些民间习俗，如重阳节赏菊、三月踏青、春节赏梅、秋日观桂，正是基于植物的季相特性。这表明植物季相变化对人类生活具有一定的影响。

由于室内温差相对较小，且光线条件不足，为在室内创造出四季变换的景色带来了一定挑战。然而，通过巧妙地营造“意境”和引入“四时花卉”，可以实现这一目标。我们可以利用诸如植物、石头、水体和建筑等景观元素，来打造出“四时”的感觉。同时，选择“四时花卉”来展现不同季节的特色也是关键。例如，冬季开花的仙客来、风信子、一品红以及冬春季开花的报春花、比利时杜鹃等，都是春节期间人们装饰居室的理想选择。这些开花植物为冬季这个缺乏色彩的季节增添了丰富的色彩。尽管我们在室内观赏花卉的选择相对室外较少，而且需要将它们放置在光线较为充足的窗边、阳台等地方，但通过巧妙的搭配，我们仍然可以在室内感受到四季的变化。

（二）室内山石景

在室内，山石景观可以被巧妙地运用，如在厅堂的一隅叠石或摆放几块山石，就能形成主景。还可以将墙面涂成粉色，以石头组成立体画面或云墙石壁等景观，或者在窗前铺设叠石，打造天然的框景。另外，在楼梯下方布置叠石，营造从山中云梯登楼的意境也是一种别致的设计。甚至可以立起石头作为墙壁，引入泉水形成瀑布，将池塘和喷泉结合起来，打造出具有山水意境的景观。

室内山石景观不仅可以作为主景，还可以充当“隔”“障”“隐”的元素，丰富空间层次，美化室内环境。比如，在香山饭店四季厅入口处的影壁，通过圆形窗洞透视，可以先看到一组景石，避免了整体景观一览无余的感觉，使四季厅内的景象显得更加含蓄而幽深。这样的设计巧思可以为室内空间增添一份独特的艺术氛围。

1. 山石的品种

山石作为室内装饰的素材，在历史上一直以天然石材为主，被统称为品石。在古代，品石的种类非常繁多，据《云林石谱》记载，品石可分为 116 种，其中包括用于掇山、几案陈列以及文房清玩的多种石材。然而，目前习惯沿用的品石种类并没有古代那么复杂，较为典型的有太湖石、锦川石、黄石、蜡石、英石、花岗石等。古代一些观赏价值极高的灵壁石如今已变得比较珍稀。

2. 选石和品石

（1）选石。选石是一门讲究艺术感和审美观的技艺，需要从多个方面考虑。以下是选石时需要注意的几个关键方面：

a. 纹理：纹理是石质所呈现的方向，选石时应选择纹理相同、色彩调和统一的山石，确保纹理的显隐相同，避免粗细纹和裂纹的不协调。

b. 色彩：考虑山石的色彩，包括黄、青、紫、绿、红、黑、灰、白等颜色。

要注意协调色彩，避免突兀的对比，保持整体的和谐感。

c. 石质：石质的质感是指颗粒的粗细差别，可以是粗糙、细致或光滑。选择石质要符合整体设计的质感要求。

d. 尺度：考虑山石的尺度，既要符合空间的尺度，也要考虑采石和运输的条件。在组合中，大石可以作为主体，小石作为辅助。

e. 姿态：石有立、蹲、卧三种姿态，组合时要考虑主次关系、顾盼呼应，使山石之间形成各种情态。

f. 使用部位：根据山石的使用部位选择合适的石材，例如在假山的底部要选择能负重荷的石材，表面的山石要求一致，悬挑的山石避免使用垂直纹理以防断裂。

g. 吸水性能：考虑山石的吸水性能，有吸水性能的山石可能长青苔，需要根据设计意图来选择。

在中国古典园林中，太湖石是常用的选石材料，其标准常按瘦、漏、透、皱、丑为美石的标准。这包括了石形的峭峻、表面的孔洞、水平方向的通透性、表面的凹凸不平等特点。在选石过程中，还要注意不同风格的山石不宜混用，以保持整体的设计风格。

（2）品石。在品石的过程中，我们将那些造型、色泽、纹理均佳的石视为陈设品，宜放置在室内供人欣赏。人们会将一块石想象成高深莫测的“峰”，或是视为自然所创造的艺术品，有时还会拟人化，将其看作朋友、伙伴。比如，宋代传世的江南名峰，如瑞云峰、冠云峰、玉玲珑等，名垂千古，历代人都渴望一睹其风采。“石贵自然”“贵在天成”。这些石头的创作者是天地，是大自然，而人只是这些自然杰作的收藏者。如果将一块珍贵的天然石加工成所谓的“工艺品”，比如模仿各种生物的姿态，譬如狮、虎、龙、龟等的人造石，往往会显得有些俗套。这些人造的石头虽然也有一些艺术性，但却失去了天然石头那种自然、原始、纯粹的魅力。在品石的过程中，我们更多地是在感受大自然的造化之美，而非刻意地去打磨和雕琢。这就是品石的独特之处，通过这种艺术活动，我们不仅仅是在欣赏美，更是在与自然对话，感受大自然的奇妙和深远。

3. 叠石

在叠石造假山的过程中，关键是要掌握好石种的选择、统一以及石料纹理和石色的协调。这需要一定的艺术修养。在室内，叠石的使用要适度，宜少量的石材点缀于植物、水池或墙边，而其构图需要经过仔细的构思和设计。

叠石的第一步是打好坚固的基础。通常情况下，要先刨槽，然后铺设三合土夯实，再铺填石料作基础，最后用水泥砂浆灌注。基础打好后，从底部自下而上逐层叠石。底石应该埋入土中一部分，这样有助于使石块更加稳固。在石上叠石时，首先选择相互搭配的石头，确保两块石头的接触面大小凹凸合适，尽量紧密贴合，如果能够在不添加支填的情况下保持稳定就更好。接下来，选取大小和厚度适宜的石片填入缝隙，用“打刹”的方式敲打支填，确保每一块石头都很牢固。叠完之后，用灰色填充缝隙，以麻刷蘸取预先调制好的干灰面（用水泥、砖末和色粉调和而成，颜色要与石头相协调），涂抹于勾缝泥灰之上，使缝隙与石头融为一体。

在叠石的具体手法中，有叠、竖、垫、拼、挑、压、钩、挂、撑、跨及断空等多种方式，可以创造出石壁、石洞、谷、壑、蹬道、山峰、山池等各种形式。这些手法需要熟练掌握，通过灵活运用才能创造出自然、生动的室内景观。

4. 置石

叠石确实需要高超的艺术修养，不然容易显得俗气，相比之下，简单点缀石更为宜。在石的摆放手法中，主要分为特置、散置和器设三种。

（1）特置：这是将那些形态秀丽、古拙奇特的山石，独立进行陈设的方式。可以是单独的孤石，也可以是由两三块山石组成的一组石景。这些特置的山石可以设置基座，基座可以采用石制须弥座或石磐，也可以不设置基座，将山石的底部埋入土中或水中，使得大部分露出土（水）面，呈现生动自然的姿态。

（2）散置：这是将山石零星地点缀布置。在散点布置时需要注意避免显得凌乱，也不要太过整齐。“攒三聚五”是一个原则，即有点散有点聚，有疏有密。石的姿态可以是卧、立、大、小，或者临岸探水、浸水半露、嵌入土内、立于植物丛中，呈现出多样的形态。虽然整体布局呈现散点状，但各个石之间要相互联系，呼应彼此，既有断续感，又有连贯性，就像是天然山体经过风化后残存的岩石。

（3）器设：这是使用山石或者仿山石材料制作的庭园小品，既能丰富环境的视觉景观，又具有一定的实用功能。例如，石屏、石栏、石桌、石凳以及石灯、石钵等。这些器设既是装饰品，又能够为庭园增添一些实用的元素，使整体环境更为丰富多彩。

5. 石壁

将石嵌于墙内，呈现一种浮雕或壁画的效果，就是石壁。这种手法不仅能够在墙面上刻画出自然的峭壁山川，还可以借此将石质与墙面结合得相得益彰。广州文化公园内的园中院就展现了这一独特的设计。

主庭内的到顶墙面被雕刻成一整片峭壁，仿佛山峰的壁面。在这片石壁上，刻满了描绘民间传说中五羊仙携谷穗降临的故事。这样的设计既带有乡土气息，又充满新颖之感。而在壁下，则是散石围绕的小池，这个小池有着深远的寓意。整个场景如同一个立体的山水画，展现出丰富的文化内涵。这样的设计不仅在视觉上呈现出丰富的层次感，也为观者提供了一个沉浸式的文化体验。

（三）室内水景

水景在室内绿化中是一种迷人的选择，其声音悠扬、形态多变，常常能够为室内环境注入清凉和幽静的氛围。水景不仅仅能够提供视觉上的愉悦，还有助于调节室内的湿度，同时通过水的循环也有助于净化空气。

在水景的设计中，可以选择静态水景或动态水景，每种都有其独特的美感。静态水景能够创造出室内空间的宁静美，使人在其间感受到一种平和的氛围。而动态水景则通过水的流动、涌动，为室内空间注入生气和活力。

在水景的边缘或水中，可以栽植一些水生植物或湿生植物，这不仅可以打破水面的宁静，还能够使整体景色更加生动丰富。水与植物的结合，为室内创造出更为和谐的环境。同时，相对于室内植物而言，水景的维护与管理也更加灵活便捷，是一种不错的室内绿化选择。

1. 水景类型

(1) 静态水景。静态水景的设计确实有很多迷人的方案。水池的平面设计是其中一个重要的方面，而且可以根据不同的设计风格分为规则式和自然式。

a. 静水池平面的设计。在规则式水池中，可以采用各种几何图形，例如圆形、方形、长方形、多边形或者曲线结合的几何形状。这种设计给人一种整齐、有序的感觉，适用于一些庭院或者室内场所。而在自然式水池中，设计则更加模仿大自然中的天然水池，平面曲折多变，呈现出聚集、分散、进出、宽窄等特点。这样的设计虽然是人工构建的，但却能够达到近乎天然的效果，让人感受到一种亲近自然的氛围。在小庭园中，仿天然水面可以以聚为主，而在大庭园中，可以通过分隔水域空间、建桥、设置岛屿和山石等元素，使整个设计更加富有层次感和趣味性。这样的设计不仅可以提供美丽的景观，还可以使人更加亲切地感受到自然之美。

b. 池型。台地式水池是一种较为普遍的形式，通过设立池壁的高度，人们可以居高临下地享受开阔的视野。这种设计不仅具备存水的功能，还可以作为人们休息的坐处，为场地增加一份宁静和舒适感。

平满式水池将池壁设计得与地面相平，创造出近水的感觉。为了防止意外跌入水中，设计者通常会在池壁外围采用明显的地面改变、花盆等装饰元素，以提醒人们注意安全。这种设计使得人们能够更加亲近水池，感受到水的清澈和宁静。

沉床式水池的池壁低于四周地面，通过台阶与地面相连。这种设计给人一种围护感，可以仰望四周，感受到自然的新鲜和趣味。这样的形式营造了一种与周围环境互动的感觉，使整个空间更有层次和趣味性。

c. 岸型。水景的组成要素之一是岸，岸的处理决定了水景的基本特色和作用，将水形成不同的面，而岸则成为水的领域，可以呈现多种生动的形式，如洲、岛、堤、矶等。洲又被称为渚，是指一种片式的岸型；岛指突出水面的小丘，属于块状的岸型；堤为带型的岸，常用于分割庭内空间，增添庭景的情趣；矶指凸出水面的湖石等，属于点状的岸型，矶处通常隐藏有水龙头，可以在池内喷水形成景观。岸边可以点缀石块，但不宜过多，以免造成杂乱感。

d. 池壁、池底。池壁的材料对水面景观产生重要影响。常用的砌筑材料包括黄石、湖石、青石、空心砖、瓷砖等，但选择时需要与周围环境相协调。也可以采用塑桩护壁或自然石护壁，营造出更为自然和野趣的感觉。池底的设计应该相对较浅，使用大理石铺设，使水清澈见底，吸引人的目光。

（2）流动水景。在室内庭园中，流动水景可通过盘曲迂回的设计，模拟自然界的溪流景观，给人一种赏心悦目的感觉。设计流动水景时，需要确保水源和河床有一定的倾斜度。小溪的走向可以宛转迂回，但水位不得超过岸。在水中可以铺设鹅卵石，点缀水流，营造出生动活泼的效果，也可以利用块石、卵石、沙滩来装饰河岸。在溪涧之上，可以架设石板小桥，在缓缓的水流中设置汀步，使整体景观更为生动。河岸两侧可以布置花木成丛，打造出流水潺潺的天然景观。

（3）喷涌水景。在室内景园中，通过各种喷嘴喷射出不同形态的水流，形成美丽的喷泉景观，同时搭配水下彩灯或激光，使景观效果更为引人注目。近年来，采用声控喷泉，水柱会随着音乐的旋律起伏跳动，悦耳动听的水击声与音乐相互交织，为人们带来美的享受。喷泉还可以与艺术雕塑相结合，创造出生动形象的造型。根据射流的方式，喷泉可分为单射流、集射流、散射流和混合射流四种，有的还能形成球形射流、喇叭形射流等不同效果。

（4）跌落水景。如瀑布、水幕、水帘、流水台阶、泉等。

a. 瀑布。在室内庭园中，我们通常会设置人工假山，并配以瀑布水景，以提升环境的美感。瀑布的造型各异，主要通过山石的排列组合来实现。一种常见的做法是将山石叠高，下面挖池作潭，使水从高处流泻而下，形成飞流直下的景象。根据形状的不同，瀑布可分为瀑面宽度大于落差的水平瀑布和瀑面宽度小于落差的垂直瀑布。

在室内常见的瀑布形式是自由落瀑布。这种瀑布通常模仿自然界的瀑布模式，远处有群山作为背景，上游有积聚的水源，瀑布口、瀑身和下面的深水潭及溪流都一应俱全。人工制造时，按这种模式将水引至叠山高处，瀑布口不设于假山之顶，而让左右山石稍高于出水口之水面，水口常以树木或山石加以遮蔽。瀑身通常为垂直瀑布，经验上认为，瀑面高、宽比以6：1为佳。瀑布下方设有池潭，以防止落水时水花四溅，一般认为瀑前池潭宽度宜不小于瀑身高度的2/3。

b. 水幕、水帘。这指的是自上而下的连续片状的水流。水幕是指流水沿着墙壁而下，水帘是指流水悬挂壁上瀑落而下。光滑平整的出水口和纹理细腻的壁面可以营造出水幕的平滑完整效果，就像薄纱一般美丽动人；而粗糙的出水口和凹凸的壁面则会产生水花翻滚、气势壮观的效果。水幕落下撞击在坚硬的表面（如岩石或混凝土）时，会溅扬起水花，同时产生较大的水声。如果水接触的是水面，水花则融入水中，声音会较小而清脆。

c. 流水台阶。这是在水的起伏高差中添加水平面，使流水产生短暂的停留和间隔，然后跌落而下，比一般的瀑布更富层次和变化。

通过调整水的流量、跌落的高度和承水面的宽度，可以创造出不同情趣的水景效果。如果跌落的流水高度大于出水口的宽度，流水呈现垂直飘带飘然而下的景象；如果跌落高度较小，就会呈现出水满层层泻下的景象；而如果水流量大，形成气势雄伟的瀑布声和飞溅的水花，会让人感受到强烈的激情。

d. 泉。泉一般指水量较小的滴落、线落的落水景观，种类颇多。常见的有壁泉、叠泉、盂泉和雕塑泉。

壁泉：泉水从建筑物壁面的隙口湍湍流出，可以采用天然石块塑造的岩壁，给人以自然天成的野趣，也可以使用光洁的花岗石墙面，呈现技术精致的现代感。

叠泉：泉水分段跌落的形式称为叠泉，常见的是奇数层次的设计，如三叠、五叠、七叠。下层有蓄聚水的泉潭。叠泉还可以有造型叠泉，使流水通过水盘锯齿形的口边，呈现如串珠般分层洒落，非常雅致。

盂泉：通过竹筒引出流水，滴入水盂（又称水钵），再从盂中溢入池潭。这种泉景显得格外古朴、自然，带有竹露滴清响的幽雅之感。

雕塑泉：将雕塑与喷泉结合，可以塑造更具艺术感的泉景情趣。例如，世界著名的“第一公民”铜塑形象，成为布鲁塞尔的象征。其他的雕塑泉，如瓷坛翻倒、水冲石球等，寓意着美丽富饶、财源不断或生命在于运动等道理。

2. 现代水景内庭

水景内庭设计都有各自的特色，从基底型的漂浮感到贯通型的流畅动感，再到中心型的集中呈现，都展现了水景在室内空间中的多样性和灵活运用。这些设计巧妙地融合了水体、建筑结构以及其他景观要素，创造出丰富的室内环境。

（1）基底型的设计将水体作为内庭的主体，通过水的反射和波光效果，创造出一种漂浮感。在桃树广场旅馆的例子中，水面上穿插了各种景观要素，如船形咖啡座、电梯、楼梯等，形成了一个有趣的空间。同时，音雕的声音效果也为整体景观增添了一份神秘感。

（2）贯通型设计强调水体作为导引的作用，通过一条带状水体贯穿整个空间，形成了一种流动的动感。大阪阪急三号地下商业街的设计中，小溪流水贯通整个地下空间，板桥和自控喷泉使得空间更加生动。喷水钟和彩色灯光的点缀营造了欢快的氛围。

（3）中心型设计将水景置于室内景观的中心，成为焦点。在广州白天鹅宾馆的设计中，多层的水庭空间被建筑和休息区环绕，展示了岭南庭园的风光。这种设计让人们在不同的场所都能感受到水景的存在，创造了一个多功能的室内环境。

（4）围合型设计通过水体的围合来限定空间，既保持了空间的相对独立性，又保持了视线的连续和开敞感。在某旅馆内庭的设计中，瀑布飘然而落，形成了一个方形的岛式休息座，被四面流水所围合，水声和琴声相互交融，营造了一种和谐宁静的氛围。

（5）焦点型设计将水景作为室内景观的焦点，通过吸引人的水姿、水声和水色来吸引视线。某餐厅内庭的中心设置了喷水池，彩色自控喷泉和挺拔的室内树围绕四周，成为内庭的视觉焦点，为整个空间注入了活力。

(6) 背景型设计中水幕成为空间的垂直面，构成了空间的背景。在南京向阳渔港迎宾大厅的设计中，红色水幕墙成为内庭空间的背景，与彩色喷泉相映成趣，为空间带来了愉悦和欢快的氛围。

(四) 盆栽

1. 盆栽的起源与发展

中国盆栽的历史悠久且丰富。古代园林艺术的发展奠定了盆栽的基础，而各个时期的文学作品中也留下了对盆栽的描写。从黄帝时期的“元圃”到宋代的盆栽兰花、明代的盆栽茉莉以及清代的盆栽梅花、月季，都反映了盆栽在不同时期的发展轨迹。在近现代，随着国外花卉的引入，盆栽的品种和文化得到了更多的丰富。清代乾隆年间，上海郊区已经有了批量生产草花盆栽的情况。中华民国时期，南京、上海等地开始建造小型温室，引进了更多木本花卉，如山茶、杜鹃等。但在新中国成立初期，盆栽花卉在整个花卉业中所占比例相对较小，以传统的栽培方法、规模较小、品种较老为主。直到 1997 年的中国花卉博览会，盆栽花卉才逐渐得到了更多的关注和发展。从那时起，盆栽花卉的数量、品种和栽培技术都有了显著的发展。现在，许多省市都将盆花生产列为花卉业发展的主要方向，标志着盆栽花卉逐渐走向规模化和商品化。

2. 盆栽设备

(1) 盆栽是一门综合性的艺术，不仅包括植物的选择，还有花盆和花土的搭配。花盆的种类和选择原则如下。

a. 瓦盆（泥盆、素烧盆）：瓦盆由黏土烧制而成，通气性好，透水性佳，价格也相对较低，适合家庭养花。

b. 紫砂盆（陶盆）：制作精巧，多为紫色，透水性不如瓦盆，但造型美观，常用于栽植适宜湿润环境的花木。

c. 瓷盆：瓷泥制成，外涂彩釉，工艺精致，美观大方，但透水性不佳，多用作套盆或室内花卉的装点。

d. 釉陶盆：陶盆上涂以各色彩釉，外形美观，但排水透气性差，多用于盆景。

e. 水盆：盆底没有水孔，用于培养水仙等水培花卉。

f. 塑料盆：轻巧美观，不易碎，适合室内养花。

g. 木桶：规格较大，适合栽植大型花木，比大缸轻便，多选用耐腐蚀的木材。

根据边缘的形状，花盆可以分为宽边、卷边、小环纹、花身、平口、高身、柱形等类型。此外，根据需要和摆放场所，还有柱式、桶式、箱式等多种形式。

选择花盆时要考虑植物的需求和场所，不同材质的花盆有不同的特点，透气性、透水性等是重要考虑因素。同时，花盆的大小也要与植株相适应，不宜过小或过大。在换盆时，最好在植物休眠或半休眠状态下进行，以促进根系生长。

（2）花架作为放置花盆的支撑物，有多种类型，每一种都有其独特的设计和用途。

a. 多座式花架：使用废旧木料制成，高低错落的设计使花盆有序陈列，省地、整齐、别致。

b. 网状花架：利用簇叶植物、室内树和人造网板遮住室外繁杂的景象，创造舒适的环境。

c. 金属丝花架：用金属丝或植物嫩枝制成，可以调整框架形状，具有艺术感。

d. 根据摆设位置制作花架：在窗户两旁做落地搁架，放置植物，同时板里藏有荧光灯，为窗口创造舒适的环境。

e. 金属管或铁条花架：多种形式，包括高立式、旋转式、图案式和吊挂式，适用于室内摆放多种小盆花。

d. 吊式或立式花架：适用于厅堂，高立式可置于沙发椅一侧，旋转式宜置于墙角，吊挂式可放在阳台、走廊或门口。

g. 木制的窗台花架：适合不经常打开的窗户，可用木头或玻璃制成，根据窗子的大小规格进行量体裁衣，为窗口进行点缀和遮掩。

在选择花架时，可以根据个人喜好、房间大小和植物的特性进行设计和摆放。美学原则上，花盆的摆放要有立体感和层次感，避免头重脚轻，根据花色和植物形态进行巧妙搭配。

（五）盆景

盆景是一门融合了艺术、美学、文学和科学的综合艺术。与山水画和山水园林相似，盆景通过小巧的容器中的植物和景石的搭配，追求一种高于自然的审美效果。这种艺术形式注重对自然的观察、抒发情感，同时在表达上追求创意与写意，既有自然的基础，又能突显出艺术家独特的审美观念。

1. 盆景的起源与发展

盆景源于中国，而其具体起源时间却存在一些争议。然而，无论起源于何时，盆景的发展与中国的政治、经济和社会生活密切相关。特别是在新中国成立后，盆景艺术经历了一段高速发展的时期，展示出了古老而典雅的中国文化。中国的盆景以其独特的风格受到世界各国人民的喜爱，销售量逐年增加，成为中国艺术的一张重要名片。从1979年我国首次参加国际盆景展览并开始外销后，中国盆景逐渐在国际上崭露头角。其古朴典雅的造型和独特的审美观念成为世界各地艺术爱好者的追捧对象。20世纪初，盆景进一步传播到美国、澳大利亚、法国等国家和地区。如今，盆景已经遍布五大洲，成为一种世界性的艺术品。这反映了盆景作为一门艺术的深远影响和受欢迎程度。

2. 盆景的分类

盆景依据取材和制作的不同，可分为山水盆景和树桩盆景两大类。

（1）山水盆景。山水盆景的制作是一门兼具艺术和技术的精湛工艺。通过巧妙的雕琢和技术处理，将石块、盆、座架等元素相融合，构建出如同大自然山水的绝美景观。不愧是“丛山数百里，尽在小盆中”的奇妙创作。

山水盆景的制作所使用的石材分为两大类，一类是坚硬不吸水的硬石，如英石、太湖石等；另一类是较为疏松易吸水的软石，如鸡骨石、芦管石等。这些石材通过雕琢、拼接等处理，展现出不同的纹理、形状和色彩，为盆景增添了层次和丰富的变化。

山水盆景的造型多种多样，有孤峰式、重叠式、疏密式等。各地的山石材料和艺术手法的不同赋予了山水盆景不同的主题和风格。比如四川的砂积石山水盆景更注重表现“天府之国”的奇峰险峻，而广西的盆景则更注重表达桂林山水之美。

在山水盆景中，风格的追求体现在清、通、险、阔等特点上。这种细腻的艺术表达使得山水盆景成为一种具有文化内涵和审美价值的艺术品。

（2）树桩盆景。树桩盆景是巧夺天工的一门艺术，通过对植物根、干、叶、花、果进行巧妙的修剪和加工，塑造出古老苍劲、风格奇特的独特形态。选取植物时应选择姿态优美，株矮叶小，寿命长，抗性强，易于造型。这些植物经过修剪、整枝、蟠扎和嫁接等技术处理，通过长期控制生长发育，形成了株矮干粗、枝曲根露的独特风格。

树桩盆景的制作艺术涉及对植物的生态特点和艺术要求的理解。通过技术手法的运用，如修剪、整枝、蟠扎和嫁接等，使植物呈现出盘根古朴、疏影横斜、花果繁茂、枯木争春等特色。这样的处理不仅突显了植物的自然之美，还强调了整体的艺术美感。

3. 盆景的陈设

盆景的陈设十分讲究，除了美观，还要考虑到植物的生长习性和居室环境。

（1）摆设的位置。摆设盆景的位置和角度关系到整体的艺术效果。在中式建筑室内，考虑到建筑的特点，选择在茶几、写字台、低柜等位置摆放小型盆景是非常合适的，而在西餐桌上摆放盆景时，根据桌子的大小和形状来选择合适的位置，这样能够更好地融入整体环境。

（2）摆设的高度和角度。盆景的高度和角度也是需要精心考虑的，因为不同的角度会呈现出截然不同的效果。仰视适合展示悬崖式、提根式、垂枝式的盆景，平视则适宜于直干式、蟠干式、横干式、丛株式的盆景，而俯视则适用于寄植式、疏枝式、混接式的盆景。通过巧妙的摆放，可以更好地展示盆景的造型和特色。

此外，季节的更迭也是一个需要考虑的因素。根据春夏秋冬的不同，选择合适的盆景和背景颜色，能够更好地呼应季节的变化。在选择背景色调时，以浅色为佳，尤其是在浅灰至蔚蓝之间，或者白色、黄色等都是不错的选择，这样能够使盆景更好地融入室内环境，产生诗意的效果。

（3）选择盆景的背景颜色是一门艺术，不同的季节和盆景的特点都需要考虑在内。春天的盆景可以搭配清新明亮的色调，如浅灰、淡蓝，突显清怡含笑的氛围；夏季则可以选择浓绿、湛蓝，使整体呈现出浓郁欲滴的夏日景象；秋天适合选择宁静的色调，如深褐、暗红，展现萧疏明快的秋景；而冬季则可考虑运用白色或淡黄色，打造出寂静的冬日氛围。

（4）在陈设盆景时，保持适当的距离是很关键的，可以让每盆盆景都能够独立展现其美感，同时使整体布局更加和谐。盆、架的形状、大小、色泽、质地的协调也是非常重要的，要追求和谐统一，使它们相得益彰，构成一个美丽的整体。

（5）盆景与其他艺术品的搭配也是一种有趣的尝试。将盆景与国画、题咏盆景的诗词、楹联、挂景、书法等搭配在一起，可以形成一种艺术的融合，使整个空间更加丰富有趣，仿佛是一幅立体画卷。这种同义转化的艺术手法能够让室内充满生机和艺术氛围。

4. 盆景的管理与养护

为了保持盆景的自然优美造型，养护管理是至关重要的。树桩盆景具有四季变化和生命力，因此维护其生长是养护管理的首要目标。日常的养护工作包括浇水、施肥、修剪和病虫害防治。

根据树桩盆景的植物种类和生长环境，科学合理地浇水，保持土壤湿润但不过湿。提供适当的营养是植物健康生长的关键，定期施肥可以满足植物的生长需求。定期修剪可以保持盆景的形状，使其更加美观，同时促进新的生长。定期检查盆景，及时发现并处理病虫害问题，防止其对植物的影响。

山水盆景虽以山石为主，但植物的点缀也需要精心管理。与树木盆景相似，山水盆景的管理方法也包括浇水、施肥和修剪等步骤。需要特别注意的是，在山石上栽植的植物土壤较少，因此需要更加细致入微地管理，确保植物的生长条件得到良好的维持。对于山水盆景，喷水、施肥的技巧以及合适的放置位置都需要特别留意。同义转化能够让管理工作更加得心应手，保证盆景的长寿和美丽。

（1）灌溉。灌溉是树桩盆景管理中至关重要且频繁的步骤之一。树桩栽植在盆中，无论是深盆还是浅盆，土壤和水分都是有限的资源。如果长时间不进行灌溉，树桩就会因为缺水而枯萎。因此，需要时刻观察土壤湿度，根据需要进行灌溉，确保土壤保持适当的湿润度。当然，灌溉也不能过量。如果灌溉过多，导致盆土长时间处于潮湿状态，可能引起根部缺氧和腐烂。灌溉的量需要根据具体的树种、季节和天气状况来调整。一般来说，在夏季或者干旱时，最好早晚各进行一次灌溉；而在春秋季节，可以每天或隔一天进行一次。在春季，当树桩开始生长时，也可根据需要早晚进行灌溉。在梅雨季节或雨天，通常不需要进行灌溉，同时需要注意良好的排水。

砂质土壤可以进行多次灌溉，而黏性土壤则需要减少灌溉的频率。灌溉可以采用叶面喷水或者根部灌溉的方式，通常两者结合使用，先进行叶面喷水，然后进行根部灌溉以确保充分渗透。需要注意的是，避免出现“半截水”的情况，即盆面湿而盆内干的情况。此外，叶面喷水也不宜过多，以免引起枝叶的过度生长。同义转化有助于更灵活地进行灌溉管理，确保树桩盆景的生长状况良好。

（2）施肥。树桩盆景的土壤容量有限，因此养分也相对有限，需要及时进行补充。由于树桩盆景具有小中见大的艺术特性，施肥不宜过多和过频繁，需要合理掌握施肥的含量、种类和季节。植物生长所需的三大养分是氮、磷和钾，氮肥有助于促进树桩的枝叶生长，磷肥有助于花果的形成，而钾肥有助于茎干和根部的生长。因此，在选择肥料时应根据树桩的种类和生长状态进行合理搭配。如果希望树桩的枝叶繁茂，可以多施用氮肥；如果希望树桩多结果，可以增加磷肥含量；如果希望根部粗壮有力，可以多施用钾肥。

施肥方法主要分为两种：迟效性施肥和速效性施肥。迟效性施肥通常是将有机肥料经过粉碎、腐熟后，按照一定比例混入土壤中，或者在换土时将肥料掺入盆中，以便逐渐释放养分。而速效性施肥则是将有机肥料或化肥稀释后，根据树桩的季节性生长需求进行施肥。需要注意的是，速效性施肥的浓度不能过高，新栽树桩不宜采用这种施肥方式。另外，雨天施肥容易导致肥料流失，效果不佳。因此，施肥时需要根据具体情况进行科学操作，确保树桩盆景能够获得均衡的养分供应，从而保持健康的生长状态。

（3）病虫害的防治。当树桩盆景发生枝干病害时，可能会出现枝干韧皮部和层腐烂，枝干上出现茎腐和溃疡等症状，同时枝条表面也可能会发生腐烂、干心腐朽或枝条上出现斑点等现象。为了有效控制和治疗这种病害，建议采取喷洒波尔多液的方法，同时使用石硫合剂进行辅助治疗，并及时刮除腐烂的局部组织。

叶面病害通常表现为黄棕色或黑色斑点、叶卷缩、枯萎、早期落叶等症状，可能是黄化病、叶斑病、煤烟病、白粉病等。对于叶斑病，可以摘去病叶，并喷洒波尔多液；对于黄化病，可以使用0.1%~0.2%硫酸亚铁溶液喷洒叶面；对于白粉病，可以使用波美0.3~0.5度硫合剂喷洒。这些措施有助于控制病害的扩散。

根部病害主要是由于根部老化引起的，容易产生各种细菌、真菌引起的根腐病或根瘤病。为防止这些病害的发生，应注意进行盆土的消毒和合理控制浇水量。

对于各种虫害，也需要有针对性地进行治理。例如，介壳虫可以使用40%的乐果乳油1000~1500倍水溶液或者80%敌敌畏1000~1500倍水溶液进行喷杀；红蜘蛛可使用50%亚胺硫磷可湿性粉剂1000倍水溶液进行喷杀；对付蚜虫，可以使用40%乐果2000~3000倍水溶液喷杀，每周一次，或者使用鱼藤2.5%，800~1200倍水溶液进行喷杀。这些措施有助于保持树桩盆景的健康生长。

（4）修剪。为保持盆景树木的自然优美造型，修剪是不可或缺的管理措施。

以下是一些常用的修剪方法：

摘心：为了抑制树木的茂盛生长，促使侧枝发育平展，可以摘去枝梢的嫩头。

摘芽：当树木盆景的干基或干上长出许多不定芽时，应随时摘除，以防止萌生叉枝，影响树形的美观。

摘叶：对于观叶树木盆景，其观赏期通常是在新叶萌发期。通过摘取部分叶片，可以促使树木多次发新叶，保持鲜艳悦目的外观，提高观赏效果。

修枝：树木盆景常常生长出许多新枝条，为保持造型美观，需要定期修剪。修剪方式应根据树形来决定，包括修整碍眼的枯枝、平行枝、交叉枝等。

修根：翻盆时结合修剪根系，根据具体情况进行根系修剪。注意去除老根，保留少数新根，有助于树木的生长。

翻盆换土：树木盆景经过多年生长后，根系可能密布盆底，影响水分渗透和排水，此时需要进行翻盆换土。可用原盆或稍大一号的盆，有助于改善土壤通气透水性，增加养分。

放置与保护：树桩盆景对于阳光、通风和湿度都有一定的需求，因此要根据具体树种的特性，提供适宜的环境。对于阳光不足的情况，可以考虑遮阴或遮光措施。一些树桩可能对寒冷不耐，需要在冬季提供温室保护。

这些修剪和管理方法有助于维持树桩盆景的形态美观和健康生长。

(5) 山水盆景的管理与维护。

喷水：经常对整个山石进行喷水是必要的，尤其对于吸水性不良的硬质石料制成的盆景。人工喷水对山石上的植物生长至关重要，可以确保植物不会因水分不足而枯萎。使用吸水性好的松质石料做成的盆景可以适度减少喷水的次数。

施肥：由于山石上的植物土壤较少，且不易更换，容易导致养分缺乏。因此，需要经常施肥以满足植物的生长需求。稀薄的液态肥料便于浇施，也可以将山石浸泡在肥水中，再用清水冲洗表面。

放置：山水盆景上的植物一般土壤较少、根系较浅，不适宜暴露在强烈阳光下，也不耐受严寒。夏季需要注意遮阴，冬季需要防寒，一般不宜放在户外。要将山水盆景放置在通风良好、阳光充足的地方，提供适宜的生长环境。

清洁：定期清理盆中的水，确保清洁卫生，有助于提高盆景的观赏效果。同时，注意植物的卫生状况，及时清除任何可能影响植物健康的有害物质。

搬动：在搬动山水盆景时，要小心轻放，特别注意防止损坏山石基脚部分。避免碰撞和摩擦，确保盆景的完整性和美观。

盆景的创作没有固定的成法，灵活运用匠心和创造力，可以创造出千变万化的作品，为居室带来无穷的情趣。

（六）插花

插花是一门精致的艺术，既能提升环境的美感，又能为人们带来愉悦的心情。插花的文化特征反映了不同地域、民族的独特传统和审美观。

在插花中，色彩的搭配、形态的设计以及花材的选择都是需要巧妙操控的要素。这门艺术涵盖了对植物的了解、对色彩的敏感性，同时也需要一定的手工技巧。插花作品的成功与否往往取决于花艺师的创意和审美眼光。

1. 插花艺术的起源与发展

花卉艺术在中国源远流长，具有深厚的历史渊源。起初可能是在六朝时期，甚至有人认为它可追溯至汉朝。这种古老的园林艺术曾经有过繁荣昌盛的时期，为中国插花艺术在世界上占据重要地位奠定了基础。

几千年的岁月见证了花卉艺术的传承和发展，这成了中国人精神生活的丰富源泉。在花卉的赏析与运用中，人们赋予了花卉更深层次的意义，将思想、情感、信仰、情操注入花卉之中，使花卉成了人类的精神伙伴。花卉不仅是美的象征，更是社会礼仪中的重要元素。

随着现代社会物质水平的提高，人们有更多的时间和精力去追求丰富的精神生活。中国礼仪花卉艺术在传承古老内涵的基础上，结合现代文明的特色和西方礼仪的影响，形成了富有现代气息的艺术风格。

花卉不仅在礼仪交往中扮演着重要的角色，更成为联系人际关系、表达情感的纽带，同时也是生活品质的象征。花卉艺术通过装饰的方式，美化环境、丰富气氛，为生活注入更多的情趣和艺术享受。

2. 插花的艺术特点、形式

（1）插花艺术的特点

插花艺术有着独特的特点，主要表现在以下几个方面：

a. 时间性强：由于插花所用的花材没有根部，吸水和养分有限，因此可供欣赏的时间相对较短。这取决于所选植物的种类和季节，从 1 到 2 天，甚至延长到 10 天或 1 个月不等。

b. 随意性强：插花的灵活性非常高，花材和容器的选择是随意而广泛的。从花材的种类、形态，到容器的风格，都可以根据个人的喜好、场合需要进行创作。插花既可以简约又可以复杂，具有很大的艺术发挥空间。

c. 装饰性强：插花通过将各种花材巧妙组合，根据环境和场合进行陈设，具有很强的装饰性。插花的艺术感染力强，能够显著美化环境，为空间增添生气和美感。这种装饰性不仅有立竿见影的效果，而且可以画龙点睛，成为整体装饰的焦点。

（2）插花艺术的形式

插花艺术有多种形式，其中一些主要的形式包括：

a. 瓶式插花：这是最早也是最经典的插花形式之一。通常使用陶瓷花瓶，色彩素雅，制作精美。花材插在瓶中，通过瓶的造型和颜色来展现花卉的美感。

b. 水盆式插花：指的是使用浅型水盆进行插花。由于浅水盆的盆口较大，需要使用花针来固定花枝，这种形式适合展示一些独特的、水生的植物。

c. 花篮式插花：这种形式是将鲜花和绿叶插满于竹条、柳条或藤制的花篮内。花篮的制作材料和造型各异，可以根据不同场合和主题选择不同的花篮来展现插花的艺术美感。

3. 插花的材料

一幅成功的插花作品，并非必须选用昂贵的花材或高价的花器，即便是一些平凡的绿叶、一朵花蕾，甚至是路边随处可见的野花野草、日常的水果和蔬菜，都有可能组成一件引人入胜、观赏价值极高的优秀作品。创作者的唯一目标是引起观赏者心灵深处的共鸣，如果作品未能激发共鸣，那么摆在眼前的花材将无法吸引观学员者的目光。具体而言，插花作品在视觉上首先要迅速引发感官和情感上的自然反应。如果不能立即产生反应，那么作品中的花材将无法吸引观赏者的注意。

在插花作品中，能引发观赏者情感共鸣的关键有三点。首先，是创意或称立意，即要表达何种主题以及应该选择何种花材来表达这一主题；其次，是构思或称构图，指如何巧妙地配置造型，使各自的美得以充分展现；最后，是插器，即与创意相协调的插花器皿。只有这三者有机地结合在一起，插花作品才能给人以美的享受。此外，任何艺术作品都需要与其相协调的环境。插花作品与环境的搭配同样至关重要。应根据环境和场合的性质来确定插花的装饰，对于不同的场合和对象，需要选用不同的花材。例如，在盛大的集会、商厦开业、酒楼开业以及宴会厅等庄重场合，花材的色彩应该鲜艳夺目，花形宜大，以展示热闹和气派；而在哀悼场合，花材则宜淡雅、素净，如选择白色或黄色的花材，以表达对逝者的哀思。通过插花来烘托气氛、渲染环境，可以起到画龙点睛的作用。

插花所用的所有植物材料被统称为花材。只要这些植物材料在水养条件下能够保持其原有的形态，并具有一定的观赏价值，几乎都可以作为花材使用。然而，那些可能污染环境、带有毒性或异味、易引起人过敏的植物应避免使用。同时，也应当避免使用人们传统观念上不看好的植物。在插花创作中，通常根据花材的形状将其分类，包括线状花材、团块状花材、特殊形状花材和散状花材等。

（1）线状花材。线状花材，指的是外形呈长条状的叶、花、枝、根、茎等植物部分。这类花材在插花构图中扮演着骨架的角色，构成插花作品的基本轮廓。举例而言，唐菖蒲、蛇鞭菊、银芽柳、连翘、迎春、肾蕨等都属于线状花材。线状花材的线形有直、曲、粗、细、刚、柔之分，而不同的线形表现力也各异。直线呈端庄刚毅的形态，寓意着生命力的旺盛；曲线则显得优雅、抒情，潇洒飘逸，富有动感；粗线条展现雄壮的气质，体现阳刚之美；而细线条则清秀优美，散发清幽典雅之感。在运用这些线状花材时，需要用心观察，才能捕捉到它们蕴含的独特风格和神韵。

（2）团块状花材，指的是外形整齐呈圆团形或块状的植物部分，可以由单朵花或整个花序组成。这种花材在插花构图中扮演着主要的角色，能够使构图显得丰满，也可作为焦点花使用。典型的团块状花材包括牡丹、菊花、康乃馨、玫瑰等。有些植物的叶片也呈面状，同样可以视为团块状花材，比如龟背竹、鹅掌柴、春羽、玉簪、橡皮树的叶子。

（3）特殊形状花材，是指花形奇特、形体较大，仅用 1 到 2 朵即可引起人们注意的花材。这类花材常常被用作插花作品的焦点。例如鹤望兰、百合、羽衣甘蓝、马蹄莲、红掌等。这些花材因其独特的形状而在插花中具有突出的地位。

（4）散状花材，指的是外形疏松、轻盈且细小的花材，如满天星、补血草、勿忘我、天门冬、鱼尾葵、小菊等。这类花材通常用来填充空间，起到陪衬、烘托和装饰的作用，能够增加插花作品的层次感。散状花材在插花创作中具有可灵活运用的特点，可以用来调整整体构图的轻重和丰富度，使插花作品更加富有层次感和生动感。

4. 插花器饰的选择

插花不仅能为室内环境增色添彩，还需要注意所选择的插花器饰。插花器饰的质地包括玻璃、瓷器、陶器、金属、竹藤等各种品种。从形状上分，可以划分为瓶类和非瓶类。无论是球形、方形、三角形，还是上下粗细变化的，都可归为瓶类；而篮子、筐、藤圈等则属于非瓶类。

鲜切花通常选择玻璃或瓷花瓶，其中玻璃花瓶最受欢迎。玻璃花瓶分为透明、磨砂和水晶刻花等几类。如果只是为了插鲜花，选择透明或磨砂的即可，因为观赏花朵是主要目的，花瓶只是插花的工具。刻花的水晶玻璃花瓶除了可以插花外，本身就是一件艺术品，具有很高的观赏性，但价格较昂贵。

插鲜花的花瓶可以选择瓶身较长、瓶口较大的花瓶。这种设计的花瓶一方面可以容纳更多水分，防止鲜花脱水；另一方面有利于花枝的上下通气，避免腐烂。瓷花瓶的种类多受传统影响，而陶器则有更为丰富的品种，既可以作为家居陈设，也可以作为插花的器饰。

金属类器皿包括巴基斯坦风格的铜器、马来西亚的锡器等，可以根据个人喜好进行选择。这些金属器皿和竹木藤类的器饰通常用于搭配干花或人造花，创造出独特的家居装饰效果。

在中国古代，插花容器种类丰富多样，形式各异，如花囊、铜觯、汉扁壶、汉方壶、觚、尊、莲蓬巢陶盘、纸槌瓶、鹅颈瓶等。这些古老的插花容器形态独特，反映了当时文化和审美的特点。

5. 插花的种类

（1）根据季节、环境装饰、创意意图以及容器的不同来分类插花，包括新年花、门厅花、祝寿花、理念花、瓶花等。

（2）根据民族习惯和文化渊源进行划分，分为欧美式插花和东方式插花两大类。

在欧美式插花中，有服饰花、花束花和摆设花三个主要类别。服饰花用于配合服装，装饰胸前、裙摆、发髻等位置；花束花则是将花朵与叶子和谐搭配成束，有时称为捧花；而摆设花则是通过构图和形状将花枝插入容器中。欧式插花的特点是图案通常规则，风格丰满、艳丽、热烈，色彩对比强烈，以五彩斑斓为主。

东方式插花则吸收了中国绘画和园林传统艺术的精髓，追求自然美且高于自然，注重意境的完美表达。它以不对称的线条为主，利用花木展现出飘逸、纤细、粗犷的形态。线条简洁，通过花材与花器的巧妙配合，打造出端庄、娴静、潇洒的感觉。在插花的造型上，常以三根主枝组成，呈现出清雅绝俗的花型，强调三角形的轮廓线，展示不同类型的插花。

（3）按花材不同，可划分为以下类型：

a. 鲜花插花，以新鲜植物花、枝、叶、果等制作，色彩鲜艳，充满自然情趣和艺术感染力。适用于喜庆节日和宾客光临的场合，常用的材料有唐菖蒲、香石竹、菊花、月季等。

b. 干花插花，使用经过人工或自然干燥的植物材料，保持自然姿态和色泽，观赏期长达1~2年。常用的材料有千日红、麦秆菊、补血草等。

c. 干鲜花混合插花，多用于冬季或光线不足的场合。在鲜花中加入干花或其他假花，形成真真假假、以假乱真的有趣效果。

d. 人造花插花，采用人工仿制的假花，如塑料花、绢花、台湾流行的面包花等。这些材料耐用，深受欢迎。

(4) 按插花造型，划分为以下类型：

a. 自然式插花，以植物生长的姿态为基础，经过构思和加工剪裁，将花、果、叶、枝、藤蔓插入花器，展示花材的自然姿态，呈现大自然清新之美。常用于家庭居室的点缀，分为直立型、水平型、倾斜型和下斜型。

b. 整形式插花，也称规则式插花，要求体态匀称、庄重大方，花大体硕，色泽浓艳，花形强调均衡对称，配置成各种图案，适用于喜庆迎宾、会场、大门厅等公共场所的布置。常见的形式有球面形、水平形、三角形、S形、L形等。

c. 抽象式插花，不受自然或规则形式的限制，运用植物材料本身的特性进行创作，创造出有动感、力感的抽象造型，让观赏者感受到作品的意义。

d. 趣味式插花或野趣插花，是一种突破传统和规则的艺术插花形式。采用大自然中的各种花、枝、果、藤以及农田中的植物作为材料，创造出新颖有趣的插花作品，展现浓厚的郊野气息。

e. 室外大型插花，具有广泛的题材，花朵色彩艳丽，体积庞大，气势雄伟，强调装饰性，展现主观意念与客观景物相融合的艺术品，常用于室外环境的装饰。

(5) 按容器式样划分。按所用容器样式不同，有瓶花、盘花、篮花（器饰选用各种花篮的插花）、钵花、壁花（贴墙的吊挂插花）。

a. 瓶花，使用各种瓶器插花，注重线条美，对花材要求高，适用于庄重、盛大的场合以及展览会展示厅等需要高雅氛围的场所。

b. 盘花，以花插或花泥固定花材，构图容易，可摆放位置灵活，适合表现直立式、倾斜式和写景式的主题内容。

c. 篮花，采用轻盈坚固的篮子作为容器，造型、大小、深浅可随意设计，插花灵活，适用于庆典贺礼，如开业庆典大花篮、生日小花篮、婚礼花篮和丧礼花篮等。

d. 钵花，以介于盘和瓶之间的矮身广口容器为基础，插花简便易行，适宜各种构图，尤其适用于各种庆典、礼宾、会议等场合。

e. 壁花，挂在墙上的插花形式，使用壁瓶，基本造型手法与瓶式插花相同，适合挂在视平线以上的墙面。

三、不同功能空间的植物装饰设计

（一）公共场所植物装饰

1. 门厅

门厅是人们从室外进入室内的第一印象，所以在设计时要考虑通行流动感和空间的大小。对于较大、较宽敞的门厅，可以采用对称的规则式布局法。在中间可以设置花坛或大型插花作为视觉中心，两侧用高大的观叶植物作为陪衬，下面则使用低矮的植物作为烘托，创造出开阔、舒展的感觉。大型观叶植物如棕竹、橡皮树、南洋杉、散尾葵等都是不错的选择，它们能够展现出舒展的姿态，为门厅注入自然气息。

对于较小的门厅，可以在两侧周边进行布置。选择小型观叶植物，如文竹、袖珍椰子等，既不显得拥挤，又不会显得空虚，与房间大小和谐协调。此外，可以使用蔓生性观叶花卉进行吊挂，增加空间层次感，既不影响视线，又能够保持出入的便利。

对于较高的门厅，可以考虑使用吊挂的蔓生性观叶花卉，这样既能增加层次感，又能够使整体装饰更加生动活泼。如果门厅用作大型活动或庆典的展台，可以选择鲜花进行西式花艺装饰，注重色彩的艳丽和明快，同时要注意与环境墙面的对比和和谐统一，确保装饰能够突出热烈的气氛。在色彩搭配上，可以根据墙面颜色选择常绿或深色的花卉，以达到对比和谐的效果。

2. 出入口

出入口的绿化是引导人们从室外进入室内的重要环节，对于建筑空间序列起到画龙点睛的作用。在设计时需要考虑通行流动感和空间大小，并满足功能要求，不影响人流和车流的通行。

强调出入口的绿化方法包括诱导法、引导法和对比法。诱导法可通过种植明显的植物或设置花坛来引导人们判断出入口的位置；引导法是通过两侧的植绿化来引导人在行进中被引到出入口；对比法则通过在出入口处变化植物的种类、树形和颜色来吸引人们的注意。

在建筑出入口的绿化布置中，可以选择对称式或自由式，以表达建筑的特点。对称式布局显得端庄大方，而不对称的形式则显得活泼，有动态感。植物的选择要考虑整体环境效果，色彩要与室内墙面协调，以给人开阔、舒展的感觉。光线较暗的出入口处适合选择耐阴植物，如棕竹、苏铁等，或色彩明度高、暖色的植物。

在室内空间的布置中，可以采用色彩艳丽、明快的盆花或大型观叶植物，根据空间的形态和大小选择适当的布置形式。在空间较为开敞的情况下，可以采用规则式布局，创造视觉中心，而在狭小的门厅中则可在周边布置盆栽或吊挂观叶植物，保持行动方便，不影响视线。

通过植物的巧妙组合，可以使出入口的空间由台阶、门斗到门厅形成一种自然的流动感，增加空间层次丰富度。出入口的空间比例及尺度的合理安排能够形成近赏景、俯视景、眺望景，使室内外景物配合更加融洽。

3. 大堂

大堂作为建筑中的重要空间，其植物布置需要考虑功能性和美观性，以满足大堂的服务需求和营造舒适的氛围。

对于大堂中设有服务台、咖啡吧、商场部、电梯等区域的情况，布置时可以考虑具有区域隔断功能的植物，同时要有过渡和引伸空间的作用。这样可以为大堂创造出一个舒适、宜人且具有共享空间感的氛围。在布局上要因地制宜，考虑不同区域的功能需求，并通过植物的配置实现空间的合理分隔。

在宽敞、高大的大堂中，可以运用巨木参天的观叶植物作为主景，穿插高低有序的低矮植物，营造出热带山林的自然景观。对于有山石、飞瀑、流泉或小桥流水等背景的大堂，植物的配置应与景观相协调，形成自然之趣，营造宛若天成的效果。这样的布置不仅满足大堂的美观需求，还营造出宜人的环境。

在一些大堂中，可以使用特别高大的仿真大树作为主景，搭配落地花槽、组合盆艺、亭榭小品、坐椅或散石，形成情趣各异的景观效果。对于楼层较高的大堂，可以在二层靠近大堂一边的墙边上装饰花槽，配置轻盈下垂的蔓生植物，增加空间层次的变化和立体感，使整个大堂空间更具魅力。

4. 走廊

设计走廊的绿化布置要考虑到其独特的功能和空间特点，以打造宜人的环境，增加空间深度，达到理想的透视效果。由于走廊通常不具备日照条件，建议选择耐阴的小型盆栽，如万年青、兰花、天竺葵等。这些植物既能适应低光照环境，又能在有限的空间内展现独特的美感。可以将植物设计成网状绿篱，并搭配一些藤蔓植物，以增添奇趣。这种设计不仅增加了绿植的面积，还为走廊带来了生气和独特的景观。利用木板箱盛放泥土，将植物种植在上面，靠墙安置。这种方式既可以美化走廊，又通过不同高度的植物增加了空间的层次感。对于内天井式结构的建筑，可以沿内天井四周的走廊进行垂直绿化。这既解决了交通问题，又提供了观天、通风和观赏内庭园景物的机会。在外廊使用砖砌的矮花墙，可以在墙上摆放花盆，或者在墙上设置花池用于种植花卉或垂挂植物。这种设计不仅美化了外部环境，还为建筑增添了生机。以上的设计理念旨在通过植物的布置，使走廊成为一个宜人、有趣、具有层次感的空间，为人们提供愉悦的视觉体验。

5. 楼梯

楼梯不仅是连接楼层的通道，更是展现生活氛围的空间。通常在楼梯口摆放一对大小适中的盆栽，或者在拐角处放置大型观叶植物，甚至在楼梯的休息平台和拐角处摆放中型观叶植物或者鲜艳的盆栽高脚花架，都能为上楼的人营造温馨、热情的感觉。虽然楼梯是个相对狭小的空间，但可以通过精心布置和摆放植物来增添生机。楼梯两侧和中部转角平台通常是比较容易被忽视的区域，可能显得生硬和不雅观。通过进行绿化装饰，可以修饰这些视觉盲点。在楼梯起步的两侧，如果有角落，可以放置高大的盆栽，如棕竹、橡皮树，而中部平台的角隅则适合放置一叶兰、天门冬、冷水花等较低矮的盆栽。如果家里有很多盆栽，而又没有足够的空间摆放时，可以沿着楼梯侧边逐级排列，形成一种有序的韵律感，让原本单调的楼梯成为一个充满生机的立体绿色空间。

6. 会场

会场要有大小之分，要根据会议的规模和性质进行布置。会场是摆放盆花和插花的重要地方，插花形式多样，生动活泼，可以迅速营造出亲切、和谐、热烈、欢快的氛围。

（1）对于小型会议的会场，通常布置成椭圆形，围成一圈，中间留有低于台面的花槽或空地。花槽可以摆放花卉或观叶植物，也可以进行插花布置，高度一般不超过台面的10cm，以免影响视线。

（2）中型会议的会场，可以将会议桌排列成“口”字形，中间留出空地。在空地上，可以用盆花排列成图案或自然式，也可以采用大堆头式的西方花艺布置。这种布置方式不仅能充实空间，缩短人与人之间的距离，还能活跃气氛，让人感觉像是置身于生机勃勃的自然中。

（3）对于大型会议的会场，主席台的布置至关重要。主席台通常布置在前排，台口两侧摆放整齐的盆花，后排盆花要高于前排但低于台口的1/3。主席台上使用的鲜花高度不超过20cm，可以采用下垂形的插花进行点缀。主席台的后排摆放高大整齐的观叶植物作为背景。在主席台一侧的独立讲台上，可以使用鲜花做弯月形或下垂式的装饰。对于特大会场，主席台后排可以采用大型花艺布置，并在主席台两侧摆放高大的观叶植物和大型组合插花进行对称布置。同时，会场四周和背后的植物布置也需要考虑周全，使整体呈现出会议氛围的隆重、壮观和热烈。

在大型会议中，开幕式花饰要能反映主题。如果会场的大厅空间较大，可以规律地点缀花饰以营造氛围。在设有主席台的会场，可以根据台面的长度设计 1 ~3 组花饰。如果台下有嘉宾席，可以根据情况设计小型的水平型插花。对于圆桌会议，可以在中间放置 1 ~ 2 盆水平型插花；如果中间是空地，可以在桌两头摆放 1~2 盆水平瀑布型的插花，中间摆放一些观叶盆栽；如果空地较大，也可以设计大型花艺作品来反映主题。在接待室或会客室的茶几和花几上，可以放置插花。主宾茶几上的花饰可以比普通茶几更加华丽。

7. 办公室

办公室是办公人员长时间工作的地方，植物的摆放位置应根据办公室的性质和员工的喜好来选择。要创造宁静、典雅、大方的氛围，色彩搭配不宜过于繁复，使员工感到舒适、轻松、振奋。盆栽植物是理想的选择，如龟背竹、棕竹可置于墙角，文件柜上可以摆放一盆常春藤，窗台上适合摆放文竹、波士顿蕨、铁线蕨等，使室内呈现春意盎然的感觉。

在传统小型办公室，空间较小，简洁而明快的设计是关键。在办公桌、茶几、窗台等处放置一两盆观叶植物即可，也可以在墙角设置角柜或花架，摆放藤本植物，使空间显得飘逸生动。对于稍大的办公室，可以在墙角或沙发旁边放较大型的室内植物，但数量不宜过多，以避免显得杂乱。整体原则是保持清新，不影响工作，避免给人压抑感，产生负面效果。

随着现代工业的迅猛发展，大空间办公室逐渐普及。在这种环境中，绿化设计更加灵活，可以在办公设备之间留有宽敞的通道，两侧布置大型的盆栽植物，仿佛是自然的树木庇护着工作人员。组团式办公设备的设计有利于绿化装饰，可以在写字台一侧或壁板的某一部位设置花池，摆放大型的观叶盆栽或藤蔓植物。这样的设计使得整个组团就像一个美妙的植物景园，为大空间办公室创造了宜人的环境。

8. 接待室

接待室的绿化装饰要求和客厅相似，要给人一种大方和热情的感觉，最好能有独特的特色来吸引访客。接待室通常采用周边式布局，中间放置茶几，留有较大的空间。绿化装饰应与这种空间环境相协调，大型盆栽植物可布置在沙发旁、墙角等死角。在主要来宾和主人之间的茶几上，放上一盆充满热情的盆花即可。

9. 宾馆

高档宾馆高度重视室内空间的绿化装饰，致力于营造优雅且亲切自然的氛围，让客人感受到宾至如归的温馨。通常情况下，宾馆的主要绿化装饰区域包括总服务大厅、高级客房、康乐中心（俱乐部）、酒吧以及餐厅。这些区域的绿化装饰不仅美化了宾馆的环境，更让客人在入住期间感受到宁静与舒适。

总服务大厅是宾馆迎接旅客的重要场所，也是宾馆的门面，因此其布置需要严谨、稳重、理性、官方。在总服务大厅内建造室内花园，可以营造出宜人的环境，让旅客感受到宾馆的热情和友好。即使没有室内景园，也可以通过布置花池、花坛或大型盆栽来打造清新悦人的氛围。服务台上一般摆放一盆或几盆适中体量的盛开鲜花，以展现宾馆热情、大方、华贵的格调。花材选择流行的切花种类，如唐菖蒲、月季、香石竹、菊花、郁金香等，同时也可以配置一些色彩鲜艳的观果花枝，如南天竹等，以营造出整体氛围热烈而洋溢的感觉。虽然可以根据季节变化进行花材选择，但不必频繁更换，因为观赏者多为短期住宿的流动客人。

高级客房的花卉装饰应以鲜花为主，营造温馨、素雅的氛围。在插花时，应注重色彩和造型的自然亲切，最好搭配清新淡雅的香花，使客人在安静、优雅、芬芳的气息中享受宜人的睡眠。对于一些高级宾馆的外宾客房，可采用古瓶古盆，搭配传统花材，以协调环境和风格；同时，展示中国盆景艺术品，营造出传统的中国风情，吸引国际客人。根据客人的品位和文化背景，设计符合礼仪的插花作品。

康乐中心、俱乐部和舞厅等地是进行社交、文化和娱乐活动的场所，一般可以在四周墙边或角隅等不易接触的地方布置盆栽植物。家具上可以点缀一些插花作品，选择色彩淡雅的花材，适应社交等活动的氛围，或者在庆祝活动时选择色彩浓烈、富有激情的花材，营造欢快活泼的氛围。

宾馆的小酒吧通常只有几张小桌子，适当点缀一些小型插花即可。有时候只需要一只小瓷瓶，插上两朵花，搭配少量绿叶，就能营造出优雅的氛围。在休息厅的沙发几上，也只需要布置一些小型插花或盆栽。

10. 餐饮空间

酒楼、茶坊、咖啡厅和餐馆在现代都市中扮演着重要的社会角色，以其独特的文化特色，为人们提供了身心放松、交流的场所。这些餐饮空间通常以“饭后茶余”为主题，运用园林艺术手法，营造出幽深、富有情趣的氛围，使人们在享受美食的同时，也能感受到舒适、宁静的环境。

酒楼大厅通常采用通透的落地式玻璃窗，使室内外景观相互呼应。内部装饰包括假山、小瀑布、水池、青砖淌水墙、涌泉或小山滴泉，并养殖观赏鱼。在池畔建立微型花园，种植各种应时鲜花，与厅内的彩灯相辉映，营造出宜人的气氛。这种设计不仅增加了酒楼的观赏性，也为其增添了一份独特的文化氛围。

酒楼前、后以及周围的水池、小花园和路径等空闲区域，形成美丽壮观的绿亭和绿色长廊。宾客可以在亭中或廊下休息，感受到大自然的野趣。

中国的茶馆有着悠久的历史，享有盛名。在茶馆中，人们除了品味茶饮，还可以享受优雅、宁静的环境。现代茶坊的装饰适合以清幽、静雅、淡泊、舒适的花木为主，如常见于中国的梅、兰、竹、菊等。茶馆庭园中种植四君子，室内摆放精美的树桩盆景和山水盆景，角落处打造假山喷泉，茶桌上摆放名贵的兰花或当季花卉，营造出身临自然山野的感觉。例如，成都的调坝茶社以“一壶茶品人世沉浮，万卷书看苍生百态”为主题，打造了老成都茶馆文化趣味，并提供传统茶艺和曲艺表演。茶社内部装饰以金属镂空版《三国演义》、老虎灶以及写实雕塑，如读书、打瞌睡、掏耳朵等，展现出悠然自得的意境。

在现代城市中，园林的设计手法广泛应用于各种风格的咖啡厅和餐馆的室内设计中，创造出充满绿意的休闲空间。例如，深圳老大昌酒楼是上海的老字号酒楼，为了再现老上海的魅力，进行了装修改造。为了配合室内的古典风格，引入了中国古典园林的叠石理水等造园手法，将原有的西侧大玻璃改成青色纹石的淌水斜墙。潺潺的流水声为古朴的空间注入了生机，同时唤起人们对逝去岁月的回忆。

11. 候机大厅

作为一座现代化的大型国际机场，拥有一流的设施、技术、管理和服务，应当全面贯彻以“以人为本”的现代理念为核心，将绿色引入室内，为旅客营造便利、舒适的候机环境。例如，上海浦东机场的建筑设计别具一格，从空中俯瞰，犹如一只展翅高飞的白鸽盘旋在长江入海口。机场大厅设计独特，没有繁杂的梁柱，整体明亮宽敞。支撑框架的白柱悬空如星星点点，宛如优美的音符。大厅内分布着大型植物盆栽，充满生机，透明的玻璃幕墙让室内外的空间融为一体，将室外绿色的生态环境引入室内，营造出宜人的候机氛围。

机场绿化的重要性在于打造一片绿意盎然的外部环境，为旅客们提供愉悦的视觉体验。在海南省海口美兰机场的绿地设计中，独特的设计理念与海南岛的自然元素如海水、阳光、气候和植物相互融合，彰显了其特色。旅客们进出机场时，通过公路通道即可欣赏到内低外高的坡度，增强了视觉效果。沿途挺拔粗壮的油棕树作为背景，内侧则布置了不同颜色的低矮灌木，形成一条色彩斑斓、蜿蜒曲折的飘带，为旅客带来美的享受。此类园林绿化群落在机场随处可见，展示了海南独特的椰风海韵景观，让旅客一踏入机场便留下了深刻的印象。

12. 病房

病房的装饰需要体现一种安静、安定和充满信心的氛围，以促进病人的休养和康复。室内观叶植物是很好的选择，它们既能提供自然的绿意，又无需过多的维护，有助于营造宜人的环境。送花给病人是一种常见的慰问和祝愿，但需要注意一些禁忌。选择病人平时喜欢的花材是个好主意，因为这可以唤起美好回忆，让病人感到温馨和愉悦。但需要考虑病人的病情和个体差异，比如是否对某些花粉过敏，是否能承受花香的刺激等。避免送整个花盆是明智的，以免引起不必要的误会。关于在病房中悬挂花球的想法，确实是一个很有创意的装饰方式。通过吊挂花球，可以使病人在床上也能欣赏到美丽的花朵，增添舒适感。插花的技巧也很重要，使用吸水性海绵、水草并巧妙地插成优雅的圆形，展现出一种独特的美感。总体而言，装饰病房要考虑病人的感受和身体状况，以创造一个宁静、温馨的环境，有助于病人的心理和身体康复。

（二）家庭居室植物装饰

随着社会的不断进步和生活水平的提高，人们对生活环境的要求也越来越高。在繁忙的城市生活中，人们往往渴望一份宁静、舒适的居住空间，以摆脱城市的喧嚣和压力。这种对室内环境的改善和追求舒适、宁静的生活方式的热情，反映在对家居设计和装饰的关注上。植物在室内的运用正是符合这一趋势的一种方式。它不仅能够为室内引入自然元素，营造清新的氛围，还能够改善空气质量，提高居住者的生活质量。植物的组合布景不仅是一种装饰，更是一种对大自然的回归和亲近。室内植物的选择和搭配可以展现个性化的审美观，使居室更加温馨宜人。室内软装饰的发展也正体现了人们对生活品质的不断追求。植物的组合布景不仅注重美观，更强调植物的养护和生长状态，让人们在照顾植物的过程中获得一份愉悦和成就感。总体而言，将自然元素引入室内，通过植物的组合布景打造舒适、宁静的居住环境，已经成为现代生活方式的一部分，体现了人们对于和谐自然与室内空间的期待。

居室花卉布景在运作时应把握以下几点：

（1）协调统一，相互呼应。能够根据不同的建筑和装修风格以及室内的光线、家具等因素，进行植物布景的协调和选择。协调统一、相互呼应是植物布景的重要原则，确保植物与周围环境相得益彰，形成一个和谐的整体。在选择植物时，考虑到建筑和装修风格的不同，应选择与之相适应的植物类型。比如，在传统中式风格中，选择东方式的插花或者松柏类盆景，体现古朴典雅的氛围。而在欧式豪华风格中，则建议使用现代造型的插花，植物类型包括散尾葵、鱼尾葵等，以展现异国风情。此外，考虑到光线和家具的因素也是明智之举。对于光线较强的房间，可以选择色彩鲜艳的花卉，增添室内的热烈和活泼氛围。而在光线较暗、家具色深的环境中，选择浅色的花卉则有助于营造宁静、柔和的感觉。这些建议不仅仅是植物布景的技巧，更是一种对整体空间氛围和风格的考量，使得植物能够更好地融入室内环境，为居住者带来更加宜人的居住体验。

(2) 主次分明，合理搭配。植物布景是一个有机整体，不同的季节里植物摆放位置都有主次之分，各个季节应有不同的花卉，使植物布置依时而变，不断更新，新鲜且具有活力。比如，在春天，可以选择迎春花、丁香、马蹄莲、牡丹、芍药、山茶花、紫藤等花卉；夏天则适合茉莉、百合、紫藤、菖兰、白兰花等；到了秋天，可以选用菊花、桂花、米兰、石蒜等；而冬天则适合仙客来、水仙花、腊梅等。在布景过程中，强调季节性花卉可以为人们带来更多的情趣。

植物的摆放位置也是主次分明的重要方面。例如，在客厅的一个角落摆放大型植物，那么茶几、矮柜上就应该摆放小型的插花作品或盆栽植物，通过以小见大的搭配方式，凸显客厅中大型植物的布景效果。总体而言，室内植物的摆放应该考虑大小合理搭配，全是体量小的花卉可能显得没有主题，缺乏节奏感，布景效果有限；反之，全是体量大的花卉则可能显得拥挤繁杂，影响居住感受。因此，在摆放时应注意主次分明，以达到良好的视觉效果。

(3) 点、线、面有机结合。中国的传统艺术，如绘画、插花、造园等，都十分注重对点、线、面的运用与结合，以营造整体画面的动势和均衡感。在室内花卉布景中，也应遵循这一原则。布景中的花卉数量不宜过多、种类不宜过杂，过多的种类和杂乱的色彩会影响整体效果。在面积较小的空间，可以采用点状布置方式。选择叶片较小、体态轻盈秀丽、植株较矮的植物或小型插花作品，并将其放置在合适的位置。另一种布景形式是线状布景，包括横线、垂线和曲线。横线常排列在窗台上、阳台栏杆上、庭院墙根、栅栏底部，以同类型的花卉造景形成横线状。而垂线、曲线则常常通过悬挂藤蔓或柔软枝条的植物来实现。在较宽敞的客厅内，可以选择叶面较大且高度适中的植物形成块面，从而改变和调节室内的色彩和空间，使人产生亲切感，体验回归自然的心理感受。室内植物布景只有在点、线、面三者有机结合的情况下，才能创造出一幅幅生动的艺术画卷，使植物与周围环境相得益彰，形成“呼应”“和声”与“共鸣”的美感。

居室的植物组合布景能作为现代生活的一种时尚，主要有以下三个原因：

a. 陶冶情感，增添愉悦。在一天繁忙的工作后，人们渴望解脱白天的疲劳和生活中的压力。居室内的植物起到了这样的作用，让人的情绪得到平稳，心情愉悦。欣赏手工插花作品或仔细观察自己栽培的植物，特别是在节假日里，透过窗外柔和的阳光，看着植物在微风中摇曳，新生的嫩芽、初绽的花朵以及果实的雏形，都带来了无尽的乐趣。这种与植物的互动让人感受到大自然的律动和生命的美好，疲劳和烦恼仿佛在这样的交流中悄然消散，激发了人们对美好生活的向往和追求。

b. 净化空气，有益健康。长期生活在绿色植物环绕的环境中，对于健康和寿命都有积极的影响。虽然居室空间相对狭小，但通过巧妙的组合和合理的布局，处处都能感受到生机盎然的氛围。植物释放氧气，吸收有害气体，为居室带来清新的空气，营造出一个有益健康的生活空间。

c. 美化环境，调节气氛。注重居室内的植物布景可以使整体环境更加温馨、优雅、浪漫。植物本身形态各异，富有趣味，合理摆放后，通过高低错落、大小搭配，为居室增色不少。比如在客厅放置龟背竹、散尾葵、袖珍椰子等，茶几上摆放色彩艳丽的插花作品，使整个客厅气氛活跃而高雅。想象一下，在这样的环境中，家人在椰子树下小憩，茶香与花香弥漫，无论是家庭时光还是亲朋好友聚会，都充满了悠闲和愉悦。在书房摆放清雅的观叶植物，如棕竹，可以提升学习、工作环境的宁静，减轻孤独感，激发思考。卧室中放置文竹、铁线蕨等，能带来轻松宁静的感觉，促使人更好地休息和恢复精力。居室植物组合布景涵盖玄关、客厅、餐厅、卧室、书房、厨房、卫生间、过道、阳台、露台等各个区域，根据居住者的爱好和需求巧妙搭配，能使现代家居更具自然生机，为人类提供文明与美的双重享受。

1. 玄关

玄关是室外与室内之间的过渡区域，位于居室入口处，起着隔断的作用。由于房型和房主风格各异，玄关的设计风格也千差万别，通常使用花窗、玻璃、鞋柜等材料作为隔断。玄关装饰是展示主人居室风格的第一印象，通过精美的布置能给来访者留下良好的开场印象，体现了主人对客人的热情欢迎。同时，玄关在一天结束时也能提供温馨的慰藉和轻松的乐趣。

在空间较小的玄关区域，我们可根据墙面材质选择不同的装饰材料，例如镜面、花窗或文化石等，再搭配 1~2 盆修长的观叶植物和花卉，以增加空间的层次感和视觉效果。对于较为宽敞的空间，我们可以设置鞋柜、装饰台或博古架等，并在其上摆放一盆鲜艳、摇曳的花卉或艺术插花，以增强空间的魅力和吸引力。

玄关作为居室的入口，往往在第一时间给予访客对整个空间的初步认知，因此，在此处摆放一株充满生机的植物，能营造出宾至如归的氛围。鉴于玄关空间有限，一个简约而实用的装饰架能集中提供植物所需的生长环境。同时，为了在视觉上扩展空间，可以在桌子或架子的背后添置一面镜子，此举不仅巧妙地增加了绿植的面积，还进一步增强了自然光线对植物的滋养效果。

玄关处常常面临光线不足的问题，主要是由于光源往往位于较远且较高的位置。为解决这一问题，我们可采取让植物成为玄关“过客”的策略，根据需求进行摆放或移位。在选择植物时，应倾向于适应低光照环境的品种。同时，也可以采取轮流摆放两三批植物的方式，以确保它们得到充足的光线。在有限的空间内，应选择又细又高的植物，以避免浓密的植物因摩擦而受损。攀缘植物是一个不错的选择，它们可以沿着棚架生长或者爬满镜子的四周，为狭小的空间注入绿色的活力。

通过巧妙的设计和植物的装饰，玄关可以成为整个居室的焦点，营造出温馨、雅致的氛围。

2. 客厅

客厅，作为人们聚会和接待宾客的主要场所，需要着重布置，力求简洁、明朗、大方、和谐。在大型建筑物，如宾馆、展览馆等，可以采用气魄雄伟的手法，主要以大型花木为主。入口处、角落、楼梯旁、沙发旁等位置适合摆放一些观叶植物，如巴西木、春羽、假槟榔、香龙血树、棕竹、南洋杉、苏铁树、橡皮树等。在主客之间，最好避免放置仙人掌、山影泉等有刺的植物，以确保安全。在沙发茶几上，可以放置一些株型秀雅的观叶植物，如春羽、金雪万年青、花叶芋等，以营造南国风光。在桌、柜上也可摆放瓶插花或竹插花，起到点缀作用。

客厅中，特别是在接见外宾时，可以在沙发之间的茶几上摆放五彩缤纷、艳丽诱人的大型插花，为宾客营造热情、亲切的氛围。墙角、空间可以配以高架花架，上摆棕竹、龙舌兰、龟背竹等中型观叶植物，营造典雅的文化氛围。此外，悬挂植物如常春藤、鸭跖草等可以成为空间的分隔物，也可以作为角落的点缀，增加空间的层次感和丰富多彩的立体感。

考虑到客厅的绿化，特别是在两室两厅的房间中，可以利用光线强弱的差异，摆放一些较耐阴的大型盆栽装饰植物，如散尾葵、熊掌木、马拉巴栗、棕竹等。如果客厅南面有阳光室，可以巧妙地搭配大中小型绿色植物，创造多层次的绿色景观，可以南洋杉为中心，配以花叶鹅掌柴、朱蕉、龟背竹、银苞芋、白粉藤、常春藤等盆栽植物，使绿色效果更加突出。这样的布置将客厅打造成一个自然、生机勃勃的绿色空间。

3. 餐厅

餐厅是人们每日必聚的地方，需要精心布置以营造舒适的用餐氛围。在餐厅的入口处、柜台旁以及餐桌区四周，建议设置花池（箱），在其中摆放一些绿叶类室内植物。餐桌上可适当配置一些淡雅的插花，也可在餐厅中心位置放置大型瓶花。在喜庆的日子，可以选择摆放一些艳丽的花卉盆栽或插花，例如秋海棠和圣诞花，以增添欢快、祥和、喜庆的氛围。同时，配膳台上适宜摆放中型和小型盆栽，这样能起到间隔的作用。

餐厅的窗前、墙角或靠墙处可以摆放各种造型的大型观叶植物，如散尾葵、香龙血树、春羽等，与灯具和墙纸相互搭配，使整个餐厅显得富丽、高雅。对于大型宾馆餐厅，还可以在上空悬挂鸟巢蕨、绿萝等，形成篮式悬吊，与灯具结合，营造现代风格的装饰。在西式餐厅或情侣餐厅，常见玫瑰花的运用，不仅可以用来表达感情，还能通过不同颜色的玫瑰传递不同心情。

吊篮的应用也是一种具有悠久历史的装饰方式，可以以排列、错落、点式或与藻井组合的方式布置，形成具有民族特色的天棚。吊篮的制作越来越讲究，种类越来越多样化，可以在餐厅中创造生机勃勃、恬静宜人的氛围。

（1）餐厅室内绿化设计的研究具有重要的意义。首先，餐厅作为人们生活的一部分，其室内绿化设计直接关系到用餐者的用餐体验和舒适感。通过深入研究餐厅室内绿化设计，可以更好地了解人们对用餐环境的需求以及如何通过植物的布置来创造更加宜人的氛围。

（2）餐厅室内绿化设计的发展历程反映了社会对环境友好和生态健康的关注程度。随着人们对健康和环保意识的提升，绿色植物在室内设计中的应用也得到了越来越多的关注。通过研究餐厅室内绿化设计的发展历史，可以了解到人们对自然环境的追求和对绿色生活方式的向往。

此外，餐厅业主在设计装修过程中具有较大的自主性，因此研究餐厅的绿化设计形式的多元化和个性化有助于为业主提供更多创新的设计思路。通过深入了解不同风格的餐厅绿化设计，业主可以更好地根据自身需求和品牌特色进行选择，从而提升餐厅的整体形象和吸引力。

餐厅室内绿化设计应当充分考虑功能需求，创造出适合用餐者的舒适环境和氛围。设计的形式要与整体风格相统一，确保植物作为装饰要素能够融入整体设计中，达到和谐统一的效果。这需要设计者对植物种类、布局和光照等方面进行综合考虑，以确保绿化设计既实用又美观。

a. 中国古典风格。中国古典风格注重“意境”美学，追求诗情画意，强调内涵深邃的意境。古典风格餐厅的植物装饰更注重精妙的搭配，强调自然的美感，较少人工雕琢。在美学形态上，古典风格餐厅的植物绿化通常采用点式布局，如小型盆栽、插花作品等，突显独立的个性，与室内其他布置保持一定距离。这种植物装饰形态有两个作用：一是引导人们的视线，起到空间提示和指向作用；二是作为艺术品或独立景观进行欣赏。在布局手法上，古典风格餐厅绿化以自然式为主，模仿大自然及庭园景观。通过砌石填土、筑水池，结合人工喷泉，打造出仿若郊野的室内景观。

具有古典韵味的植物如竹、兰、菊常用于中式传统风格餐厅的装饰。竹可与假山石、小水流相结合，营造古典园林氛围；兰则适合作为盆栽置于台柜之上，散发高雅的香气；而菊与鹤望兰、唐菖蒲、文竹的搭配，形式多样，变化丰富。典型的植物选择包括苏铁、芭蕉、竹、文竹、吊竹梅、吊兰、万年青、金橘等。这些植物在古典风格餐厅中营造出具有中国传统韵味的绿化设计。

b. 民俗及地方风格。民俗及地方风格的餐厅分为南方风格和北方风格，都展现出浓厚的地域色彩和乡土气息。南方风格常以水乡风情或西南民族风情为主题，采用大胆的材料，如用原木或仿木构筑空间，搭建竹架，让藤萝缠绕其上，营造出浓郁的绿意。在封闭式用餐空间，由于光线不足，通常使用人造植物或极耐阴湿的植物。例如，苗寨食府在双拥路采用了高大、色彩浓厚的仿制大树，配以暖黄色的灯光，创造出神秘感十足的氛围。北方风格则以农家风情为主，色彩大胆，选择具有粗犷气质的绿色植物，同时运用浓烈的红色和黄色植物进行装饰。例如，可以悬挂串状的小红辣椒、葱、蒜，或在角落插上金黄色的麦穗，呈现出原始淳朴、热情奔放的感觉。典型的植物选择包括小叶蔓绿绒、常春藤、垂叶榕以及各种食用植物和人造植物。这些植物在南北方风格餐厅中都起到了独特的装饰作用，营造出地域特有的氛围。

c. 欧式风格。欧式风格的餐厅室内绿化分为自然式的欧洲庭园风格和规则式的绿化装饰方法。在庭园风格中，采用多种植物材料，如小乔木、灌木和草木相结合，形成丰满而层次丰富的景观。这样的布置通常出现在餐厅门前的花坛或后庭，以确保用餐者透过窗户可以欣赏美丽的庭园景色。庭园风格的绿化布置有助于改善室内环境，遮挡阳光和杂乱的景象，同时降低噪声。另一种规则式的绿化装饰方法则强调对称和均衡，常采用线状绿化的方式。植物的种植和摆放都追求对称和均衡，形成线状排列的盆花、花槽、花带，起到引导人们行动方向和划分功能空间的作用。线状绿化在空间组织和构图上遵循一定的规律，通过植物的同一体形、同一大小、同一体量和同一色彩达到整体统一的美化效果，特别适合在欧式风格餐厅中使用，营造出高雅宁静、富有格调的环境。在欧式风格餐厅中，选择色彩素雅的植物是重要的，例如白色的马蹄莲、淡绿色的竹芋以及在餐厅的大堂中使用高大的植物，如散尾葵等。典型的植物选择包括红掌、白掌、郁金香、玫瑰、海桐等，它们都有助于打造欧式风格餐厅所需的高雅、宁静和富有格调的氛围。

d. 美式快餐风格。美式快餐风格的餐厅绿化设计注重简洁明快，以适应快餐店通常紧凑的用餐空间和大量用餐人数的特点。这种风格的植物装饰通常简约统一，色彩明丽，符合现代人的审美观。在快餐店面积有限的情况下，采用多功能的绿化带是一种常见的设计方法。通过在大厅中设置高度在1.3m左右的花坛，种植一些矮小的观叶或观花植物，可以分隔空间与道路，使得绿化布置更加灵活。花坛的形式可以多样化，包括长方形、三角形、菱形等各种几何形状，或它们的组合。另一种方法是利用挂壁、吊盆、吊篮和壁架等设计手法，填补平面用地的不足，形成一个立体的空间绿化面。这样的设计可以在有限的空间内创造出丰富的绿化效果，提升用餐环境的舒适感。在立体绿化时，选择最佳的视线位置非常重要，确保在任何角度都能产生顺眼的效果。典型的植物选择包括花叶芋、花叶万年青、竹节秋海棠、非洲紫罗兰、冷水花等，它们具有良好的适应性和观赏性，可以在有限的空间内为快餐店营造出宜人的用餐氛围。

e. 热带风格的室内植物装饰主要以室内观叶植物为主，这些植物通常原产于热带地区，具有高大挺拔、叶片宽大、叶形奇特、色彩艳丽的特点，给人以生命力旺盛的感觉。在餐厅的绿化设计中，常见的做法是在餐厅周围摆设棕榈类、凤梨类、橡胶榕和变叶木等大、中型盆栽。这些植物不仅使氛围更加热烈，而且可以通过密集式布置在角落营造出房间深度，真正产生热带丛林的气氛。

f. 特色植物装饰则是指在室内装饰绿化中使用一些特殊命名的植物，使其成为餐厅的主题植物，从而展现餐厅独特的风格和特色。这种设计能够给客人留下深刻的印象，让整个用餐环境更具个性和独特性。在选择特色植物时，通常会考虑与餐厅主题或名称相关的植物，以达到独特而富有创意的装饰效果。

4. 卧室

卧室作为人们休息和睡眠的私密场所，需要体现温馨、宁静、舒适的氛围。在卧室绿饰的布置中，植物的摆放应该简约而精致，而仙人掌类植物是一个理想的选择。仙人掌类植物属于 CAM 植物，具有夜间吸收二氧化碳、释放氧气的特性，有助于提高室内空气质量，创造一个绿色的氧吧，对人体健康有益。

在卧室环境中，对于植物的色彩部署应侧重于采用温和且淡雅的色调，尽量避免使用过于对比鲜明的色彩，以创造一个柔和且宁静的氛围。在选择上，可以倾向于那些外形优雅且线条优美的插花，或者也可以考虑使用矮小的盆栽观叶植物、水养植物以及轻盈的藤蔓植物。至于花卉的选择，可以考虑淡雅或清香型的花朵，比如水仙、茉莉以及月季等。

需要注意的是，卧室中的花卉不宜过多，3 到 5 盆即可，过多的花卉可能产生压抑感，同时也会影响夜间的空气质量。放置在卧室的植物应避免选择枝叶过于高大或香味浓烈的品种，以免影响睡眠质量。

最后，卧室花卉的布景设计应根据不同年龄层次有所区别，考虑主人的个人喜好和生活习惯，创造一个符合他们需求的舒适环境。

（1）夫妇卧室。在夫妇卧室的绿饰中，突出香气为主的特点是关键。选择带有香味的植物，如红玫瑰、扶郎、蝴蝶兰、茉莉花、满天星等，这样既美观又能散发清香。此外，可以在窗台上摆放一些阳性植物，如米兰、杜鹃、一品红等，同时在角落处装饰一些观叶植物，如绿萝、彩叶芋、鹅掌楸、巴西木等，为卧室增添生机。插花也是常见的装饰方式，可摆放在茶几或梳妆台上。在植物的色彩搭配上，要根据卧室的色调选择适合的插花或盆栽，注意在淡雅的浅色调卧室应使用暖色调插花，在深色调卧室应使用冷色调插花。年轻夫妇卧室（特别是新婚房）可放置百合、红掌、玫瑰等，增添浪漫氛围。

（2）儿童卧室。在儿童卧室的绿饰中，首先要考虑孩子的个性和喜好，强调活泼、亮丽的特点。选择儿童喜爱的、色彩鲜艳、形状奇特的花卉，如彩叶草、三色堇、变叶木、生石花、佛肚树、松鼠尾、蝴蝶花、孔雀竹芋、花烛、兔子花、猫面花、西瓜皮椒草等，以激发儿童对大自然的好奇心和热爱。避免放置太高大和有刺的植物，以确保安全。考虑儿童的好奇心理，可以选择造型有趣的花卉，激发儿童对植物的兴趣。配上一些动物造型的容器，甚至可以用玻璃容器养水仙球茎，让儿童观察植物的生长过程，开拓他们的思维和对植物学的兴趣。

布置儿童房间的时候需要特别注意安全和选择植物的合适性。尤其是对于儿童房间来说，安全是最重要的考虑因素。悬吊植物、多刺的花卉、有毒的花卉和含羞草等都可能对儿童的安全和健康造成影响。

在为儿童房间选择植物时，除了避免以上提到的植物，还可以考虑一些对空气质量有益的观叶植物，如吊兰、绿萝等。这些植物除了能够增添房间的绿意，还能够起到净化空气的作用，为儿童提供一个更加清新的环境。

此外，可以选择一些易养、不易引起过敏的植物，以确保植物养护的简便性和儿童的安全。布置儿童房间时，可以根据孩子的年龄和个性，选择适合他们成长环境的植物，既美观又安全。

（3）对于老年人的卧室，选择清新淡雅、管理方便的常绿花卉是首选，比如小型苏铁、仙人掌、兰花、龟背竹、肾蕨等。这些绿植不仅郁郁葱葱，象征着老年人的长寿和平安，同时还有助于改善睡眠环境，促进老年人的健康。为确保老年人的安全，避免使用垂吊植物是一个重要的考虑因素。对于喜欢安静的老年人，观叶植物是不错的选择，比如兰花、米兰、吊兰、伞草、孔雀木、文竹、铁线蕨等。这类植物叶片纤细，给人一种温柔、轻松、宁静的感觉，有助于消除疲劳。此外，一些小型盆景和带有轻微香味的植物，放置在床头柜上，也可以在一定程度上安定情绪和促进入眠。如果老人喜欢观赏素雅的花朵，可以选择带有偏冷色调的白色、蓝色、紫色的花卉，比如茉莉、瓜叶菊、八仙花等。

（4）年轻人的卧室注重色彩的鲜艳和多样性。床头柜上可以放置一些色彩鲜艳的花卉，如秋海棠、报春花、仙客来、天竺葵等，以提升房间的活力。同时，需要有一些观叶的绿色植物，比如万年青、玉簪花、龟背竹、南天竹、鹅掌柴等，可以放置在梳妆台上，与鲜艳的花卉相互映衬，创造一个令人满意的休息环境。此外，一盆绚丽多彩的凤梨、彩叶芋，或者形状奇特的仙人球或多浆的多肉植物，可以满足年轻人的好奇心理和求知欲望。

5. 书房

书房是用于读书写作以及静心思考的专属空间，通常配备有书桌、椅子、书架等基本设施。下班回家，身处书房，可以沉浸于个人感兴趣的书籍，或进行书写创作，孩子们也可以在此专注完成作业。书房的绿化装饰需要营造一个优雅舒适、宁静安逸的氛围，以便主人全神贯注于阅读或写作，不受外部环境的干扰。因此，应当选择体态轻盈、姿态潇洒、文雅娴静、花语清素、气味芬芳的植物。例如，文竹、兰花、君子兰、吊竹梅、常春藤、棕竹、吊兰、米兰、茉莉、含笑、南天竹等都是理想的选择，可以摆放在书房的墙角、书桌、书架和博古架上。这些植物与书籍、古玩等元素相互辉映，共同营造出浓郁的文雅氛围。当选择插花进行装饰时，水仙花、梅花、菊花或其他带有清香的花卉都是不错的选择。颜色不宜过于艳丽，数量也不宜过多，以保持环境的清静。选择花卉时，除了考虑适应环境，还应突出个人的爱好和修养，让喜欢的花卉陪伴自己，为工作和学习带来愉悦的心情。此外，还可以在书桌上放置一些小型的插花，或在墙上字画的旁边挂上两盆壁挂式叶片纤细的观叶植物组，这些都将进一步展现书房的清幽典雅。

6. 厨房

在朝北的厨房里，阳光稀缺，但盆栽能帮助清除寒冷感。选择喜阴植物，如大王万年青和星点兰，是个不错的主意。由于厨房是个频繁操作的地方，温度和烟气都相对较大，大型盆栽可能不太适合，但小型盆栽、吊挂植物或者长期生长的植物都是不错的选择。它们可以美化环境，同时不妨碍厨房操作。还可以在食品柜、酒柜、碗柜、冰箱上摆放一些常春藤、吊兰或蕨类植物等。

有些厨房可能还用作小餐厅，这时在餐桌上配置一些小型插花或开花的盆栽也是个好主意。但要注意，油烟和蒸汽对植物不太好，为了美化厨房，可以采用勤换的方式，定期更换植物的位置，减少它们受到不利因素的影响。另外，也可以选择一些干花或绢花，在桌面上放上几朵美丽的干压花，会增添一些情趣。

如果厨房有远离煤气和灶台的窗边区域，可以考虑放一些对环境要求不太高的多肉植物，比如仙人掌、蟹爪兰、令箭荷花等。利用窗边或角柜的空间摆放一些观叶植物也是个不错的选择。此外，还可以在墙上或窗口安装吊篮，栽培一些植物，不仅可以带来愉悦的情调，而且不妨碍处理家务。如果愿意尝试一些有创意的方法，甚至可以用一些蔬菜，如青椒、红辣椒、黄瓜、番茄、大葱来装饰，放在菜碟或珍珠盘中，打造一盆色彩丰富的作品，将其摆放在厨房窗台上，会别具一格。

7. 浴室、卫生间

卫浴间是个充满功能性的空间，但通常较小、光线较暗、湿度较大，通风和换气尤为重要。植物是个不错的选择，可以为卫浴空间增添清新、轻松的氛围。选择耐阴、耐水湿、小巧玲珑的植物是明智之举，比如蕨类植物、秋海棠、竹芋等。艺术插花也是个不错的点缀，少量的插花就可以产生画龙点睛的效果，给人一种宁静愉快的感觉。

由于卫浴间常常有水汽溢出，选择花期较长、生命力较强的观赏植物是明智之选。当然，人造花材如绢花也可以考虑，既能美化空间，又不受水汽的影响。在墙面和镜子上方悬挂装饰也是一个好点子，可以扩大空间感，营造温馨浪漫的气氛。

卫浴间通常以白色瓷砖为主，显得比较单调。在水箱或梳妆台上放一些色彩鲜艳的植物，如瓜叶菊、仙客来、天竺葵，可以为整个空间带来兴奋和愉快感。在白瓷砖的墙壁上设置一些色彩鲜艳的鲜花，如鹅黄色郁金香或鲜黄色小朵菊花，能让卫浴间显得华贵典雅、绮丽宜人。如果卫浴间较宽敞，还可以考虑挂一盆吊兰，做悬挂式布置，使整个空间更富有蓬勃朝气。在窗边种植一排植物也是一个不错的设计，可以为卫浴间增添绿意。

8. 阳台及窗户

阳台是连接室内外的特殊空间，合理的装饰可以为家庭增添艺术氛围，提升居住体验。使用玻璃窗门封起阳台，可以将其打造成阳光室，有助于植物养护和提高装饰效果。由于阳台通常是水泥结构，吸热快但散热慢，特别是在夏季或干旱季节，空气干燥，选择适合的植物至关重要。南向阳台适合喜光照、耐高温的植物，如扶桑、月季、荷包牡丹等。而北向阳台则适合喜阴的观花、观叶类植物。

在绿化装饰时，要充分考虑阳台的朝向，结合植物的特性选择适合的种类。利用空间，可以采用垂吊或组合花架的形式进行布置，形成高低有序、层次分明的格局。在上层可以选择藤蔓性的植物悬挂，如旱金莲、紫鸭趼草；中层可以用较大的花盆种植蔓性的植物，形成绿色屏障；下层可以选择直立的植物，如月季、凤仙、半支莲等，使其与上层、中层的植物相呼应。

在布置时要注意虚实搭配，保留一定空间以方便居民活动。垂吊植物可以放在阳台的顶部或花架上，使其下垂，显得有飘逸感。较高的植物放在中层外缘，而较矮的花卉摆在中层靠近居室的地方，最矮小或耐阴的花卉可以放在最下层。整体要力求简洁明快，巧妙搭配，以创造一个美观、舒适的阳台空间。

阳台绿饰应注意以下几点：

（1）注意调节阳台空气湿度。调节阳台空气湿度对于花卉的生长至关重要，特别是一些对湿度较为敏感的植物。在阳台环境中，由于楼高、风大、光照强烈，空气湿度常常偏低，因此需要采取一些措施来增加湿度。

喜阴的花卉，如兰花、龟背竹、蕨类、秋海棠等，对于相对湿度有一定的要求，夏季要求在80%~85%之间，冬季不能低于65%~75%。常绿观赏花卉，如扶桑、白兰花、五色梅、茉莉、橡皮树、一品红等，在夏季要求相对湿度不低于70%，冬季不低于60%。即使是喜干旱的多肉植物，在生长旺季，相对湿度也要在60%以上。

增加空气湿度的方法包括多浇水、喷叶面水和在阳台环境中洒水。适合喷叶面水的花木有松、柏、橡皮树、棕榈、棕竹、杜鹃花、茶花、文竹、珠兰、兰花、万年青、广东万年青、马蹄莲、龟背竹、蕨类等。喷叶面水时要用喷雾的方式进行，喷湿即可，以叶面不滴水为度。但对于一些落叶花木如石榴、紫荆、榆、梅等，常喷叶面水可能导致植株徒长、开花减少，观赏性降低。

此外，建立水池、放置水盆、铺湿沙等方式也是增加阳台空气湿度的有效手段。注意避免在正午洒水，以免热气蒸腾对盆花造成不利影响。通过这些措施，可以创造适宜的生长环境，促进花卉的健康生长。

（2）注意充分利用阳台空间。鉴于阳台有限的空间，巧妙运用其布局，使其展现“小中见大”的效果，是成功进行阳台绿化的重要因素。例如，为了有效利用阳台的空间，可以在阳台的顶板或檐口处设置吊钩，悬挂吊盆植物。同时，沿着阳台栏杆或墙壁的一侧，可以种植具有繁茂花叶的攀缘植物，如茑萝、牵牛花、金银花等，并用线绳引导它们的生长方向，形成引人注目的“花屏”。此外，在墙壁上挂上网或设置花架，将盆花悬挂在上面或摆放在花架上，既能充分利用阳台空间，又能起到美化阳台的作用。最后，在靠近居室墙角避风的一侧，设置阶梯式花盆架，根据季节和花卉特性摆放盆花，形成层次感。

此外，可以在阳台边缘用砖块筑起小型带状花池，或者在外墙安装铁架，架上安装种植容器或花盆，内填充草炭、椰糠等疏松培养土，种植一些色彩艳丽、花期较长、管理简便的植物，如半支莲、细叶美女樱、一串红、天竺葵、矮牵牛、宿根福禄考、常春藤、千日红等草花，或者选择澎蜞菊、迎春花等垂吊植物。需要确保植物的色彩与建筑物的色彩搭配合理，保持一定的对比度。如果能够统一布置形式，将呈现整洁、优雅的装饰效果，从而增添景观。窗台作为阳台的组成部分之一，如果与阳台的美化相得益彰，将会形成和谐统一的整体效果，美不胜收。

（3）花卉布局要合理。根据主人的喜好选择花卉品种，避免选择过多的种类，以免造成拥挤和杂乱。同时，也不要独盆栽植，以免单调和乏味。根据花卉的光照需求，将喜光的花卉放在前排，而耐阴的花卉则安置在后排。在上下、品种之间要有适当的疏密搭配，形成自然的层次感，保持通风和透光，有利于植株的生长发育。随着季节的变化，可以调整花卉的位置，及时剪除残花和枯枝，保持植株的形态饱满，花朵鲜艳。每隔10~15天将花盆的方向进行转换，特别是对于趋光性较强的植物，如龟背竹、君子兰等，需要经常进行转盆操作。

（4）注重卫生安全。在浇水和施肥时要小心谨慎，避免水肥溢出污染邻居的衣物。不要使用人粪肥和有刺激性气味的肥料，最好选择方便、卫生的复合颗粒花肥，以免污染阳台空气。确保花盆的摆放和吊挂是稳固的，避免因滑落或大风而导致伤人。维持阳台环境的整洁，是为了创造一个安全、健康的绿化空间。

9. 外墙

建筑外墙绿化不仅有助于营造室内空间的氛围，软化建筑的刚硬轮廓，还能增添生机。对于粗糙的水泥拉毛墙面，可以选择在墙下种植具有吸盘的藤本植物，如爬墙虎、五叶地锦、常春藤、扶桑、薜荔、凌霄、络石等。它们能够地爬在墙上，形成一种自然的绿色覆盖，不仅美化墙面，还能起到防风雨侵蚀和日光暴晒的作用。

针对白色的粉墙，可以在外围配置一些有色的小乔木或灌木，如红枫、山茶、杜鹃、枸骨、南天竹等，形成红花绿叶、红叶红果等美丽的图画。对于黑色的墙面，可以选择颜色对比强烈的植物，如木绣球，白色花朵在黑色墙面上显得格外醒目。低矮的花格围墙周围适合种植草坪、低矮的花灌木、宿根和球根花卉，不会挡住墙面的造型，可在墙面或花格上设置花池、盆花等，形成高低错落的景观。

墙面线条生硬的隅角，可以通过植物的合理配植来缓和。观花、观叶、观果、观干等植物成丛配植，或者略作地形，竖石栽草，再搭配一些花灌木，可以形成富有层次感的景观。此外，在建筑或庭园的外围，也可以选择珊瑚树、女贞、黄杨等木本植物进行篱植，形成一种树墙效果。树墙既能够分隔空间、防尘、隔声、防火、防风、防寒、遮挡视线，又能够创造生动活泼的造型，具有独特的景观效果。

四、其他场所绿化装饰

（一）花店店堂绿化装饰

门面设计的关键在于让人一眼就能辨认出这是一家花店。灯箱的颜色要明亮对比强烈，图案要大而清晰。在墙体、门柱或门上悬挂花饰，同时，落地玻璃墙可以用来设计橱窗。店内的布局应该让顾客感觉自己仿佛置身于花的海洋，空间的布局要有聚有散，让顾客可以迂回行走，不是一览无余。此外，在墙面、灯光、顶部空间、主景设计以及插花的特写上都应该展现细致入微的设计。花店在不断创新和变化中生存，因此，店铺的设计应该每 2~3 年更新一次。在日常经营中，可以定期进行主景的重新设计，调整局部空间的布置，将不同风格的插花作品分开陈列。根据节日或季节的变化推出新的花款，同时在环境气氛上也做相应的调整，以确保新老顾客都感到新鲜，激发他们的常光顾欲望。

（二）会展绿化装饰

会展就是一个展览、展示、供人参观和鉴赏的盛会。在会展中，各种内容丰富多样，涵盖了五金家电、农副产品、时装、工艺品、书画、摄影、家具、科技、建筑材料、生活用品等领域。这些展览会上的花卉装饰起到点缀和烘托气氛的作用。另外，花卉展览则是一种自身具有展示和主题的形式，包括盆景艺术展、各种名花展、插花艺术展、园林景观展、花卉博览展等。

在筹划花卉展览时，首先要考虑场地的规模、室内还是室外以及地势的起伏。若场地宽敞，应适当增加花卉的规格和数量；若场地狭窄，则应相应减少花卉的规格和数量。春季和秋季适宜在室外举办展览，而冬季最好选择室内；在夏季举办室外展览时，需考虑遮阳措施。对于地势的起伏，可根据实际情况进行改造以达到最佳效果。此外，花卉展览还需考虑展台、展板、几架、节木块、景点的设计以及水电和灯光效果的配备。在布局方面，主景和配景的安排要追求错落有致和层次变化的艺术手法，力求色彩配置的和谐。对于传统的名花或景点，可采用东方形式的展示；而对外来的花卉，一般采用西方欧美图案的形式展示。若花展时间较短，可以使用盆栽进行布置；若展出时间较长，则以地栽为佳。

观花时色彩较丰富，因此在配置花卉时需要追求和谐，可以选择主色调、对比色或调和色的配置，避免杂乱。通过运用不同的色彩表现意象和环境气氛，才能创造出柔和、舒适、愉悦的美感。

对于大型展览会，其内容各异，是城市文明进步的象征。不同性质的展览，如科技、艺术、现代生活用品、服装、轿车、房展等，都应该有反映主题的整体花艺设计。注意将重点与一般元素结合起来，各展位中的个性化花艺作品是最具变化的元素之一。

第四章　绿色可持续室内环境中的节能设计

第一节　室内环境节能的内容与范围

室内环境节能是指在满足人们的生活、工作、学习等需求的基础上，通过有效的技术手段和管理措施，减少室内环境能源的使用，提高能源利用效率，以实现节约能源、降低环境负荷的目标。这一领域的内容与范围十分广泛，主要包括以下几个方面：

一、采暖系统的节能

在采暖系统的节能方面，有许多创新的方法和技术可以应用，以提高能源利用效率。

（一）高效供热设备

高效供热设备是实现采暖系统节能的关键组成部分。在选择采暖设备时，优先考虑具有高燃烧效率和热能利用率的燃气锅炉。先进的燃气锅炉采用了高效的燃烧技术，有效地将燃料转化为热能，从而降低能源浪费。另一环保高效的选择是地源热泵，利用地下稳定的热能进行供热，相较于传统取暖方式，其能源利用效率更高。整合太阳能采暖系统，通过太阳能集热器将太阳能转化为热能，部分满足供热需求，既降低对传统能源的依赖，又减少碳排放。引入智能供热设备，借助温控系统实现准确的温度管理。智能系统可根据室内外温度、使用情况等因素自动调整供热设备运行状态，避免不必要的能源浪费。选用高效的散热器和暖气片，确保热能有效传递至室内空间，减少能源损失。在采购供热设备时，留意能效标识，选择能效等级较高的产品，这些产品通常经过严格的能效评估，性能更卓越。定期维护和清洁供热设备，确保其正常运行，因为脏污设备效率较低，定期保养可提高设备寿命和性能。与建筑结构的优化相结合，在供热系统和建筑隔热性能之间取得协调，减少能源浪费。通过综合运用这些高效供热设备和技术，可显著提高采暖系统的节能效果，为室内提供温馨环境的同时最大限度地减少能源消耗。

（二）智能温控系统

智能温控系统在采暖系统中的应用至关重要，对于提升能源利用效率和降低能源浪费发挥着关键作用。该系统能够设定特定的供热时间，根据居民的作息习惯和日常规律等因素，智能地调整采暖系统的运行时间，避免在空无一人时仍持续供热，有效减少不必要的能源消耗。用户可根据需求设定室内目标温度，系统会根据实时室内温度进行调节，确保室内温度始终保持在舒适范围内，有助于避免过度供热，降低能源浪费。智能温控系统还能分区控制供热设备的运行，根据各个区域的使用情况灵活调整供热效果。少用的区域可以降低供热温度或停止供热，实现精准供热，最小化不必要的能源消耗。远程控制是智能温控系统的一大特点，用户可以通过手机 App 等方式随时随地监控室内温度并进行调节，灵活管理供热系统，避免因疏忽而导致能源浪费。一些智能温控系统还具备学习记忆功能，能够根据用户的习惯和偏好自动调整温度设定，更好地满足用户需求。此外，智能温控系统通常支持能源监测和报告功能，提供实时的能源使用情况报告，帮助用户了解和优化能源利用效率。通过智能温控系统的应用，可以实现对采暖系统的智能管理，提高供热系统的效率，降低能源成本，确保室内温暖的同时最大限度地减少能源浪费。

（三）定期维护和清洁

定期维护和清洁采暖系统是确保其正常运行和高效工作的必不可少的步骤。清理供热设备，包括各种部件，可以有效预防灰尘、积碳等杂物的积累，提高热能传递效率，从而减少能源消耗。检查和调整供热设备的燃烧效率更是关键，以避免不完全燃烧导致的能源浪费。对于空气循环系统，定期检查和更换滤芯是维持系统效率的必要手段，而及时修复漏水问题则有助于确保系统的正常运行。保温层的检查也是重要的，因为良好的保温层可以减少能源散失，提高系统效率。对于智能温控系统，定期检查电控部分确保正常运作是非常关键的。而清洁散热器和暖气片则是确保系统长时间高效运行的保障。这些维护和清洁措施的结合，不仅能够提高能源利用效率，延长系统寿命，还有助于降低维修成本，从而在室内环境节能方面发挥着非常重要的作用。

（四）分区控制

分区控制是一项至关重要的战略，通过根据不同区域的实际需求调整供热水温，以提高系统的能效。将建筑内部划分为多个供热区域，每个区域都能独立控制供热系统的运行。这种划分可以基于房间用途、取暖需求和使用模式等考虑。在每个区域安装智能温控设备，这些设备能够实时监测室内温度，并根据设定的温度要求自动调节供热系统，避免过度或不足供热的情况。为不同区域制定合理的温度调整策略，例如，对于需要较高温度的卧室，可以设定相对较高的供热温度；而对于较为次要的区域，如走廊，则可以降低供热温度。结合时间控制功能，根据不同时间段的需求调整供热温度，例如，夜间或工作时间段可以适度降低供热温度，减少不必要的能源消耗。如果条件允许，可以实现对分区控制的远程监控。通过手机 App 或其他远程控制方式，可以在不同地点实时监测和调整各个区域的供热状态，提高能源利用的灵活性。通过分区控制，可以更加精确地满足不同区域的供热需求，有效避免全面供热可能导致的能源浪费。这是室内环境节能中非常切实可行的措施。

（五）太阳能采暖

太阳能采暖是一种环保而高效的能源利用方式。太阳能集热器的安装是系统的核心，通常安装在建筑的适当位置，如屋顶或墙面，以捕捉阳光并将其转化为热能。通过热传输系统，将太阳能集热器捕获到的热能传递到建筑内的供热系统，可以使用液体或气体介质将热能有效输送到需要加热的区域。为了确保在夜间或阴天也能获得足够的供热能量，配置储能系统是明智之举，将白天捕获的过剩热能存储起来，以备不时之需。整合智能控制系统，可以实现对太阳能采暖系统的精确控制。通过监测室内外温度、太阳辐射等参数，智能系统可以自动调整太阳能供热系统的运行状态，确保最佳的能源利用效果。在太阳能供热不足或无法满足极端寒冷条件时，可以配置辅助采暖系统，例如传统的燃气锅炉或地源热泵，以确保室内温度的稳定供应。经济性评估也是必要的，包括太阳能设备的成本、维护费用、能源节省等方面的综合分析，以确定系统的投资回报周期。太阳能采暖系统的优势在于不仅减少对传统能源的依赖，还有助于降低温室气体排放，是一项可持续性和环保性强的室内环境节能措施。

（六）地板采暖系统

地板采暖系统是一种高效而舒适的供热方式，它的辐射加热方式不仅更符合人体的舒适感受，而且避免了传统暖气片可能存在的局部过热或过冷的情况，确保每个房间都能够获得相对均匀的温度，提高整体的热舒适度。此外，地板采暖系统不引起空气对流，减少了灰尘和空气中颗粒物的悬浮，对室内空气质量的提升有积极的影响，尤其对过敏原的传播减少也是一项重要的优势。在能源利用方面，地板采暖系统相对于传统暖气系统更为高效，因为辐射加热方式可以在较低的室内温度下实现相同的热舒适度，从而减少能源的消耗。另外，相对简便的安装和较少的维护需求也是地板采暖系统的优势之一。总体而言，它确实是一种现代化、舒适、节能的供热方式，在建筑领域广受欢迎。

（七）优化建筑结构

优质隔热材料和密封性能的改进是建筑结构中关键的节能措施之一。通过采用高效的隔热材料，如隔热保温板和隔热玻璃，能够有效减缓室内热量流失，提高建筑的隔热性能。密封性能的提升则有助于减少冷热空气的交换，防止能量的不必要流失，从而降低能源消耗。双层窗结构的运用是一个有效的隔热保温手段，形成的空气层能够减少窗户部分的散热，提高整体的保温效果。外部遮阳结构的设计也在夏季起到了阻挡过多阳光，减少室内热量的作用，同时在冬季能够减缓热量流失。地热蓄能系统的引入是一个创新性的设计，能够将多余的热能储存到建筑结构中，以后在需要供热的时候释放，提高能源的利用效率。合理设计空气流通系统也确保了冷热空气的有效循环，有助于保持室内空气的适度温度。绿色屋顶的设计不仅美观，还具备隔热、隔音的功能，同时还能减缓雨水流速，维护建筑结构。这些优化措施的综合应用能够显著提高建筑的节能性能，降低能源消耗，为室内环境的节能提供了坚实的基础。

（八）能量回收

余热回收技术的应用是一项高效而创新的节能策略，尤其在采暖系统中。废热回收系统的引入能够有效捕捉采暖系统产生的废热，通过热交换器等设备传递给新鲜空气或水，提高系统整体的能效。这种方法不仅减少能源浪费，还有效地降低了系统的负荷，是一种可持续且环保的做法。在通风系统中采用热交换器回收室内暖空气中的余热，预先加热新鲜空气，降低了供暖系统的能耗。对于需要热水的场所，废水热回收系统的运用也是一个巧妙的设计，通过利用废水中的热量，减少了冷水的加热能耗，提高了热水供应的能效。结合余热回收系统与太阳能集热系统更是一个精妙的搭配，最大程度地提高了系统的能源效益。在冬季，废热回收可用于预热进入建筑的空气或水，减轻了采暖系统的负担，实现了冬季节省能源的目标。考虑到热能存储系统的运用，可以进一步提高系统的灵活性，确保在需要额外能量时能够从储存的热能中获取。这种整合式的设计使得建筑更为智能、可持续，减少对外部能源的依赖，是推动室内环境节能的一项重要举措。

二、照明系统的节能

提高建筑能效的一个关键方面是节能照明系统的采用。LED 灯具是一种高效的照明选择，相较于传统的白炽灯和荧光灯，LED 灯具更为节能、寿命更长，且在亮度和色温等方面具有可调性。光控技术的引入能够根据周围光照情况自动调节照明亮度，确保在有足够自然光的情况下减少照明亮度，降低不必要的能源消耗。时控系统的运用也是一项有效的节能策略，根据建筑使用情况和时间来调整照明系统的运行。智能照明系统的应用则通过传感器、控制系统和网络连接，实现对照明的智能管理，根据使用需求和环境亮度进行调整，最大限度地提高能效。设计优化是另一个关键点，通过合理安排灯具的摆放和光源的选用，确保光线充足且均匀分布，减少能量浪费。天窗和自然采光系统的利用有助于最大程度地利用自然光源，减少对人工照明的依赖，尤其在白天可以降低照明系统的使用。选择符合能量效益标准的照明设备，如 LED 灯具的能效等级较高，是保证设备本身节能性能的一项关键步骤。定期维护和更换老化或损坏的灯具也是确保系统正常工作，提高整体能效的重要措施。通过这些节能措施，能够显著减少照明系统的能源消耗，同时提高建筑的能效水平。

三、空调系统的节能

确保空调系统的高效运行对于提高建筑能效至关重要。选择能效较高的空调设备，例如先进的变频空调，这类设备在部分负载下能够自动降低功耗，更好地适应实际使用需求，减少不必要的能源浪费。引入智能温控系统也是一项关键措施，通过定时、定温、定区等功能，合理调节室内温度。这有助于在不同时段根据需求调整空调系统的运行，避免过度制冷或制热，提高系统的能效。定期对空调设备进行清洁和维护同样重要，包括清理过滤器、冷凝器和蒸发器。清洁后的设备效率更高，能够提高空调系统的整体工作效能。合理设置室内温度也是节能的有效手段，避免不必要的过度制冷或制热，建议在夏季将温度设置在较高的舒适范围，而在冬季将温度设置在较低的舒适范围。分区空调的实施可以根据不同区域的实际需求调整空调的运行，以更精确地控制能耗。在适当的季节和天气条件下，采用天然通风方式，减少空调系统的使用，从而有效降低能源消耗。定期检查空调系统是否存在漏气问题也是必要的，及时修复漏气点，减少冷媒的损失，提高系统的运行效率。考虑太阳能的应用，将其作为空调系统的能源补充，有助于减小对传统能源的依赖。通过这些建议，可以有效降低空调系统的能源消耗，提高建筑的能效水平，实现节能减排的目标。

四、建筑外墙、窗户、屋顶等建筑外部结构的隔热、隔音设计

建筑外部结构的隔热、隔音设计是关系到建筑能效和舒适性的关键因素。采用高效的绝缘材料，如聚氨酯泡沫板、岩棉、玻璃棉等，是提高隔热性能的有效途径。这些材料有助于减缓室内外温度的传导，从而减少能源消耗。在外墙、窗户和屋顶的设计中引入隔热结构，例如双层墙体结构和双层玻璃，可以有效提高隔热性能，减少热量的传导，提高建筑的能效水平。隔音设计同样重要，选择隔音性能良好的材料，如中空玻璃、隔音膜等，有助于提高室内的舒适性，减少外部噪声对室内的影响。优化窗户设计，采用符合节能标准的窗框和窗户型材，可以减少热量的散失。合理布局窗户的位置，在满足采光需求的同时最大限度地减少对室内温度的影响。在屋顶设计中采用反射性能好的材料，或者安装绿色植被形成绿化屋顶，有助于隔热和降温，提高建筑的环保性能。使用防水隔热膜可以有效隔绝外界湿气和雨水，同时减缓热量的传导，提高屋顶的绝缘性能。避免或有效处理热桥问题也是至关重要的，可防止热量在结构中的过度传导，降低能源浪费。通过综合考虑隔热、隔音、采光等因素的设计措施，可以有效提高建筑的整体能效，降低能源消耗，为居住者提供更为舒适的环境。

五、智能化控制系统的应用

智能化控制系统在建筑节能中的应用是一项十分重要的措施。智能温控系统通过实时监测室内温度，智能调节供暖或空调系统，避免了能源的不必要浪费，提高了能源利用效率。光照传感器和智能照明系统的应用也有助于优化照明系统，减少运行时间，实现能源节约。智能窗帘系统的结合，根据室内光照和外部温度变化智能控制窗帘，既能优化室内照明效果，又有助于隔热，进一步提高建筑的能效。通过智能插座和可控电器的使用，实现对电器设备的远程和定时控制，可以有效避免待机功耗，提高用电效率。智能能源监测系统实时监测建筑的能源消耗情况的功能，为建筑管理者提供数据支持，有助于优化能源利用和管理策略。智能传感器监测室内空气质量，调节通风系统，确保室内空气新鲜，同时最大限度地减少能源浪费，为室内环境质量提供有效保障。最终，通过建立智能化建筑管理系统，将各个智能控制系统集成，实现对整个建筑能源系统的集中监控和管理，提高系统的整体效率，从而充分发挥现代科技手段在能源利用中的作用，降低能源浪费。

六、家电、办公设备的能效改进

选购家电和办公设备时，要关注能效标识，标有高能效标识的产品，通常能在提供相同功能的情况下降低能耗。使用 LED 灯具替代传统照明设备，LED 照明灯具有更高的能效和更长的使用寿命，减少了更换灯泡的频率，从而降低了能源浪费。更新陈旧的空调设备，选择具有高能效比的空调，新一代空调技术通常更为节能，能够显著减少供暖和冷却过程中的能耗。采用智能电器管理系统，实现对电器设备的远程控制和定时开关，避免长时间待机，减少不必要的用电。选择能效更高的电脑、打印机、扫描仪等办公设备，有助于减少日常办公中的能源消耗。安装电源管理设备，如智能插座、电源管理插排等，能够有效控制设备的用电状态，减低待机功耗。对现有的家电和办公设备进行能效评估，了解设备的能效水平，并考虑是否需要升级或更换为更节能的设备。对家电和办公设备进行定期维护，保持设备的良好状态，确保其正常运行，减少能源浪费。通过这些建议，可以全面提升家电和办公设备的能效水平，降低室内环境的能源消耗，实现节能减排的目标。

七、室内绿色植物的配置

配置室内绿色植物是一个有趣而有效的室内环境节能的方法。这些植物不仅美化了室内环境，还通过吸收二氧化碳、释放氧气，提高了空气质量。对于有害气体的吸附和空气净化效果更是具有额外的好处。此外，植物的蒸腾作用有助于湿度的调节，使室内更加湿润，特别是在干燥的季节。虽然植物释放的热量相对较小，但在大量配置的情况下，确实可以对室内温度产生一定的调节作用。这些都是自然的调温、调湿机制，有助于创造更为舒适的生活环境。同时，通过降低对人工调控系统的依赖，也可以减少能源的使用，从而实现室内环境的节能效果。选择适合室内环境的植物，合理布局它们的位置，确保能够获得足够的光照，这是确保植物能够正常生长的关键。吊兰、芦荟、虎尾兰等都是比较适合室内的植物选择。总体而言，绿色植物的引入不仅提高了室内环境的质量，还为建筑节能提供了一种生态友好的选择。

八、废弃能源的再利用

废弃能源的再利用是一个非常关键的能源管理措施。通过采用太阳能热水器、光伏发电系统、小型风力发电系统等可再生能源技术，可以显著减少对传统能源的依赖，同时降低碳足迹，实现清洁能源的利用。生物质能源的生产也是一种创造性的方式，通过利用废弃物产生的生物质，将其转化为可再生的能源，既减少了废弃物对环境造成的负担，又为能源供应做出了贡献。利用工业过程中产生的余热进行回收利用，或者利用地下深处的热能进行供热或发电，都是有效的能源再利用方式。这些措施不仅提高了能源的利用效率，还有助于降低对有限自然资源的过度开采。在将废弃能源转化为电力时，采用先进的能源存储技术，如电池储能系统，可以更灵活地管理能源供应，确保在需要时能够稳定供电。智能能源管理系统的应用，通过数据分析和控制，可以实现能源的高效利用，从而减少浪费，是建筑领域非常值得推广的技术之一。这些措施的综合应用可以为可持续发展和能源安全做出实质性的贡献，同时也为室内环境的节能效果提供了坚实的基础。

第二节　室内环境中的设备节能

一、照明设备

（一）LED 照明

LED 照明作为当代照明技术的代表，在多个方面具有显著的优势，特别是对于室内环境的节能。首先，LED 灯具的能效相对较高，它能够更有效地将电能转化为光能，相比传统的白炽灯和荧光灯，LED 的能源利用效率更为出色。其次，LED 灯具的寿命通常较长，能够达到数万小时，相比传统照明设备更为持久。这不仅降低了更换灯具的频率，减少了对原材料的需求，还有助于减少废弃物的产生。另外，LED 灯具在发光的过程中产生的热量相对较低，这有助于降低室内温度，减轻空调系统的负担，提高整体能源利用效率。可调光性是 LED 照明的又一优势，通过调整电流可以调整亮度，实现照明亮度的灵活控制。这种可调光性的合理利用有助于根据实际需求调整照明亮度，避免不必要的能源浪费。此外，LED 灯具迅速启动和熄灭的特性也是一项重要的优势。与荧光灯需要一段时间的预热相比，LED 灯能够在需要时迅速提供照明，避免不必要的能源浪费。综合来看，采用 LED 照明是提高室内照明系统能效的一项关键举措，有助于降低整体能源消耗，推动建筑节能的目标。

（二）光控、时控技术

在室内环境中，光控和时控技术是提高照明系统节能的有效手段。

1. 光控技术

光控技术通过感知室内光照强度，实现对照明系统的智能控制。具体而言，当光照强度较高时，系统可调降低照明亮度或关闭部分灯具，充分利用自然光，减少人工照明需求；反之，当光照较暗时，系统可提高照明亮度。这种智能调整能够根据实际需求动态控制照明系统，最大程度地减少能源浪费。

2. 时间控制技术

时间控制技术通过预设时间段和该时段内的照明需求，实现对照明系统的定时控制。例如，在白天阳光充足时，系统可通过时间控制技术降低室内照明亮度或关闭部分灯具，而在夜晚或低光照时段则可提高照明亮度。这种按时段调整照明状态的方式避免了在长时间内不需要照明时保持灯具一直开启的情况，减少了不必要的能源消耗。

3. 联动控制

光控技术和时间控制技术可以结合运用，实现更为智能的联动控制。例如，在白天阳光充足时，系统可通过时间控制技术关闭部分灯具，同时通过光控技术调整其他区域的照明亮度，充分发挥两者的协同效应，提高照明系统的整体效能。

引入光控和时间控制技术，不仅能够满足室内环境的照明需求，还能够在不同时段、不同光照条件下智能地调整照明系统的运行状态，减少不必要的能源浪费，是实现照明系统节能的有效途径。

二、空调设备

（一）高效空调设备

使用高效的空调设备是提高空调系统能效的重要途径。具有高能效比的变频空调相较于传统的定频空调有诸多优点：变频空调能够根据室内实际温度需求智能地调节运行频率和风量，实现精准的温度控制，避免了能源的过度消耗。其平稳启动和运行特性减少了启动时的大电流冲击，有效降低了能源浪费，延长了设备的使用寿命。相较于定频空调，变频空调在运行过程中可以根据需求灵活调整转速，达到更高的能效比，减少了不必要的能源浪费，符合环保节能的理念。变频空调还能够实现更为精细的控制，根据实际需求调整温度、湿度等参数，提高了室内环境的舒适度。对于季节变化和室内负荷的差异，变频空调表现出更强的适应性，能够灵活调整运行状态，提高了系统的整体效能。因此，在选择空调设备时，考虑采用高效的变频空调是一种理智的选择，有助于提升空调系统的能效，降低整体能源消耗。

（二）智能温控系统

智能温控系统是实现室内设备节能的关键手段之一。通过这一系统，可以实现多方面的节能效果。首先，可以设定定时开关机，根据居住习惯和实际需求，在人们离开或进入室内时自动启停空调、供暖等设备，避免长时间无人使用空调，降低不必要的能源消耗。其次，系统允许设定室内温度的目标值，根据实际温度智能调节设备的运行状态，确保室内保持在舒适的温度范围，减少能源浪费。对于分区域的室内环境，系统支持设置不同的温度要求，实现分区控制设备的运行，使能耗更加精准，避免对整个室内进行不必要的加热或制冷。通过手机App等远程控制方式，居住者能够随时监测和调整室内温度，及时响应气温变化，减少不必要的设备运行时间，提高能源利用效率。一些智能温控系统还具备自适应学习功能，通过学习居住者的生活习惯和室内环境变化，自动优化设备的运行策略，达到更高效的能源利用。在实际应用中，通过这些功能的组合，智能温控系统能够更智能、更精准地控制室内环境，提高设备的利用效率，降低能源消耗，实现室内环境中设备的节能目标。

三、办公设备

（一）能效改进

更新办公设备是一个重要的策略，不仅提高了工作效率，还有助于降低能源消耗。选择能效更高的电脑是个不错的切入点，现代电脑的性能提升和能源利用方面的进展确实令人振奋。这样的投资不仅能在长期内节省能源成本，还有助于降低碳足迹。另外，对打印机的能效改进也是个很好的考虑。采用先进的节能功能和双面打印技术，不仅能够减少耗电量，还有助于减少对纸张等资源的需求。这种综合的能效改进不仅有助于公司的节能和环保目标，也体现了企业的社会责任。选择更环保的办公设备不仅在可持续性方面有益，还能够为员工提供更健康、舒适的工作环境，这对于员工的幸福感和整体办公体验都是重要的。这样的做法不仅符合企业的社会责任，也在建设可持续的工作环境方面发挥了积极作用。

（二）设备管理策略

维护办公设备的运行和延长使用寿命至关重要。首先，定期检查设备是否需要更新是一项关键措施。随着技术的不断发展，新的硬件和软件更新可能提供更高的性能、更好的安全性以及更有效的能源利用。确立清晰的更新计划，以确保所有设备都能及时更新，有助于提高整个办公环境的效率。及时维护设备同样重要。定期的维护有助于预防潜在问题，减少突发故障的发生。这包括清理设备内部的灰尘，检查电缆和连接是否牢固，更新防病毒软件和系统补丁等。通过制定维护日历，并确保所有员工了解维护的重要性，可以有效降低设备故障的风险。设备管理策略还应考虑合理的设备退役计划。及时替换过时或无法有效更新的设备是必要的。这有助于防止旧设备对整个系统性能产生负面影响，并提供更先进的技术和功能，以满足不断发展的业务需求。通过综合考虑更新、维护和退役计划，制定一套完善的设备管理策略，公司可以更好地管理办公设备，确保其长时间高效运行，提高整体生产力。

四、家电设备

（一）能效标志

选购家电时注重能效标志是一项理智的决策。能效标志提供了有关家电能源效率的重要信息，这对于降低能源消耗、减轻能源开支以及推动制造商改进产品设计都至关重要。能效标志的等级系统为消费者提供了明确的参考，尤其对于冰箱、洗衣机等频繁使用的家电产品而言，选择高能效等级的产品可以在日常使用中实现明显的能源节约。高能效等级的家电通常在相同的功能下使用更少的能源，这有助于降低对电力资源的需求，对环境和可持续性都是积极的影响。此外，能效标志也起到了激励制造商不断改进产品设计的作用。生产更为节能高效的产品不仅符合环保法规，还满足了消费者对于节能产品的不断增长的需求。在购买决策中，注重能效标志不仅是为了个人的节能和经济利益，更是在积极推动市场走向更环保、可持续方向的一种方式。这种消费行为为可持续发展目标做出了实际的贡献，为创造更为可持续的生活方式起到了积极的引领作用。

（二）定期清理维护

维持家电设备良好运行状态的关键在于定期清理和维护，尤其是对于一些散热器件，如冰箱、电视、电脑等。设备表面和通风孔的灰尘积累可能导致散热不畅，进而影响设备性能和能效。确保设备表面和通风口定期清理，以确保空气能够顺畅流过，避免灰尘在关键部件上积累。尤其是电脑、电视等设备的通风口应定期清理，防止灰尘堵塞可能导致过热和性能下降。保持电缆和插头连接的牢固性，确保没有损坏或裸露的电线。电缆连接不良可能导致电流不稳定，对设备产生负面影响。对于需要通风的设备，如电脑、游戏机等，确保周围环境通风良好，避免设备在封闭、狭窄的空间中长时间运行。如果家电设备配备了过滤器，就要定期更换过滤器，以确保设备正常运行。过滤器可以有效阻止灰尘和杂质进入设备内部。维护设备周围的清洁环境，避免在设备附近摆放杂物，以免影响空气流通和设备的正常工作。通过定期清理和维护，可以确保家电设备在更长时间内保持高效、稳定的性能，同时减少能源浪费，延长设备寿命。这对于提高能效、降低维修成本都是非常有益的。

五、智能化控制

（一）智能插座

智能插座真的很方便，不仅能提高设备的效能，还能让使用者随时随地远程控制家里的电器，就算家里没人，也能确保没有设备在浪费能源。而且智能插座还能定时工作，我们可以设定电器在特定时间自动开关，比如晚上让电视自动关闭，省电又省心。一些高级的智能插座还能监测能耗，实时了解设备的用电情况，让我们能更明智地管理电器。它们还能和其他智能设备连接，打造智能家居，比如一条指令就能关掉所有待机设备，提高整体能效。有些智能插座还能提供使用统计数据，让我们知道哪些设备耗电比较多，方便我们优化用电。总的来说，用智能插座可以更智能地掌握家里电器的用电情况，杜绝不必要的能源浪费，非常符合节能环保的理念。

（二）智能家居系统

智能家居系统确实是一项高效便捷的技术，为家庭提供了智能管理和更优化的能源利用。这种系统让我们可以实时监控家里设备的使用情况，无论身在何处，只需一部手机或其他智能设备，就能获取各种实时数据，包括能耗和开关状态等。和智能插座一样，智能家居系统也允许远程控制各种设备，无论是关灯、调温还是启动家庭影院系统，都能在手机或平板上搞定。而且，这些系统一般都能优化能效，通过学习家庭成员的生活习惯，自动调整设备的使用模式，追求最佳的能效水平。有的智能家居系统还集成了安全监控功能，比如智能门锁和摄像头，提高了家庭的安全性，同时也让我们能随时监控家里的情况。许多系统还支持语音控制，通过与语音助手整合，简单的口令就能操控家里各种设备。引入智能家居系统不仅提高了家庭的智能水平，还能有效地管理和优化能源使用，降低能源成本，提升生活的舒适度，同时也对环境可持续性发展做出了贡献。

第三节　室内环境中的可再生能源利用

一、太阳能利用

太阳能是室内环境中一种广泛可利用的可再生能源。通过安装太阳能光伏板或热水系统，可以将太阳光转化为电能或热能，为室内提供清洁、可再生的能源。光伏系统是一种常见的太阳能利用方式，可以安装在建筑物的屋顶或墙面。这些系统通过捕获阳光，将其转化为电能，为建筑物提供电力。光伏板中的太阳能电池将阳光中的光子转化为电子，产生直流电，然后通过逆变器转换为交流电，供电使用。这种方式不仅降低了对传统电力的依赖，还减少了对非可再生能源的使用，有助于降低环境影响。另一方面，太阳能热水系统利用太阳能来加热供暖或提供热水使用。这些系统通常包括太阳能集热器，通过集热器吸收太阳能并将其转化为热能，然后利用这种热能来加热水。这样的系统可以在家庭、工业或商业环境中使用，提供清洁的热水，并减少对传统能源的需求。总的来说，利用太阳能是一种环保、可持续的能源选择，能够为室内提供清洁的电能或热能，有助于降低对非可再生能源的依赖，减少碳足迹。

二、风能利用

风能是另一种可再生能源，在室内环境中可以通过小型风力发电机或风扇进行有效利用。小型风力发电机通常安装在建筑物的顶部或附近，利用风力来产生电能。这些发电机通过捕捉风的动能，将其转化为机械能，最终转换为电能。虽然小型风力发电机的产能相对有限，但在适当的环境中，它们可以为建筑物提供一定的清洁电力，降低对传统电力的依赖。另一方面，风扇是一种更为常见的风能利用方式。它们可以通过自然风力驱动，也可以使用电力。通过利用自然风力，风扇可以提高室内空气流通，帮助调节温度，降低对空调的使用需求。这种方式既能减少电力消耗，又有助于提供舒适的室内环境。总体而言，风能在室内环境中的利用方式多种多样，无论小型风力发电机产生电能还是风扇提高空气流通，都是可行的可再生能源应用。这些技术的采用有助于减少对传统能源的依赖，降低环境影响，是朝着更可持续的能源利用方向迈出的一步。

三、生物质能源利用

生物质能源的利用是一种多功能的可再生能源，涵盖了木材、废弃植物和其他有机物质，可以通过燃烧或发酵等方式转化为能源。在室内环境中，使用生物质能源的方式多种多样。木质壁炉是一种常见的生物质能源利用方式，通过燃烧木材提供供暖。这不仅可以有效地利用可再生的木材资源，还能够在寒冷的季节里为室内提供温暖。此外，生物质燃料发电也是一种利用生物质能源的方法。通过将废弃植物或其他有机物质进行燃烧，产生蒸汽驱动发电机发电，实现清洁能源的生产。这种方式不仅有助于减少对传统能源的依赖，还能有效地处理废弃物，缓解环境问题。合理利用生物质能源有助于提供热能，同时也是一种环保的能源选择，因为它利用了可再生的有机材料，减少了非可再生资源的压力。同时，废弃物的有效利用，也有助于减少废弃物的处理问题，促进循环经济的发展。生物质能源的应用在室内环境中是一种可持续而多功能的能源选择。

四、地热能利用

地热能的应用是一项高效且环保的技术。通过在地下埋设循环管道，地源热泵利用地下温度的相对稳定特性，实现室内温度的调节。这种方式不仅高效地利用了地热能，还减少了对传统能源的需求，同时对室内环境影响较小。

在室内环境中，可再生能源的广泛利用能够降低对传统能源的依赖，减缓对环境的不良影响。太阳能、风能、生物质能源以及地热能等可再生能源的合理设计和利用，能够为室内创造更为可持续和绿色的居住环境。这些技术的不断创新和推广将有助于建设更环保、更能源高效的室内空间。

通过引入这些可再生能源，我们不仅能够降低能源成本，提高能源利用效率，还能减少对大气的污染，从而推动建筑行业向更加环保和可持续的方向发展。在未来，随着技术的不断进步和社会对可持续发展的关注增加，这些可再生能源技术将在室内环境中发挥越来越重要的作用。

第四节　室内环境中的节水设计

一、水效设备的采用

在室内环境中，引入水效设备是实现节水设计的一个关键步骤。这涵盖了多方面，其中包括但不限于：安装低流量水龙头和淋浴头，以降低用水量，同时确保足够的水压，提供仍然舒适的使用体验。采用节水型马桶也是一项有效措施，其设计能够在冲洗时减少用水量，例如双冲式马桶可根据需要选择不同的冲洗量。此外，选择节水型洗碗机和洗衣机也是重要之举，因为它们在清洗过程中使用的水量相对较少，有效地降低了家庭用水的整体消耗。通过引入这些水效设备，我们不仅可以实现节水设计，减轻水资源的压力，还能够在日常生活中享受到更加环保和经济的用水方式。

二、水循环系统

引入水循环系统是一项推动水资源最大程度利用和再利用的重要措施。灰水是指洗手、洗澡等日常生活中产生的相对清洁的废水。通过收集和处理灰水，可以将其再利用于冲厕、浇灌植物等非饮用水的用途。这样可以有效减少对淡水资源的需求，提高水资源的利用效率。设置雨水收集系统能够将屋顶雨水有效地储存起来。这样的雨水可以用于浇灌花园、冲洗道路或其他非饮用水的场合。通过收集雨水，不仅减轻了对地下水或自来水的需求，还能够在雨季时有效地管理水资源。这些水循环系统的引入有助于将水资源用于更多方面，而不仅仅是单一的饮用水。通过合理设计和利用这些系统，我们能够更加智能地管理和再利用水资源，推动水资源的可持续利用。这不仅有益于环境，还有助于建设更加节水和环保的室内环境。

三、意识培养和教育

实现室内环境的节水设计需要居民的积极参与和意识的培养。定期组织关于水资源的教育活动，提高居民对水资源重要性的认识，激发他们的节水意识。在适当的位置设置提示和标识，提醒人们节约用水，鼓励他们采取节水措施。

四、漏水检测和修复

为了有效防止水资源的浪费，需要及时发现和修复漏水问题。定期检查水管、水龙头和其他水设备，发现并及时修复漏水问题。运用智能水表和漏水传感器，实时监测水的使用情况，及时发现异常并采取措施。

通过这些手段，我们可以在室内环境中实现更为可持续和高效的水资源利用，降低用水成本，同时减轻对水资源的压力。这需要一个全面的策略，包括教育居民，设立提醒系统，并采用智能技术来监测和管理水资源的使用。这样的综合方法有助于建设更加节水和环保的室内环境。

第五节　室内环境中的节材设计

一、可持续建材的选择

在室内环境中，选择可持续建材是实现节材设计的基石。这包括选择使用回收材料制成的建材，如回收木材、再生钢铁等，以减少对原始资源的需求。优先考虑可再生的建材，比如竹木、麻材等，以确保资源的可持续利用。同时，考虑采用低碳足迹的建材，即那些在生产和运输过程中排放较少二氧化碳的材料。通过这些选择，能够在建筑和装修过程中减少环境影响，实现更可持续的室内设计。

二、模块化设计和可拆卸性

模块化家具确实为用户提供了灵活性和定制性的空间，允许根据个人需求和空间要求进行定制和组合，创造独特的室内布局。这种设计的优势在于适应不同功能和空间限制，同时具备易升级和扩展的特点。用户可以根据需要轻松添加新的模块或替换现有的模块，而无需更换整套家具，从而延长了家具的使用寿命。

模块化家具的紧凑设计在小型住宅或办公空间中尤为重要，因为它能够提供多功能的解决方案，而不占用过多空间。此外，模块化设计对于环保和可持续性也有积极的影响。由于可以灵活更换和升级，减少了对新材料的需求，有助于降低资源消耗，符合可持续发展的理念。

另外，可拆卸建筑结构的采用也为维修和更新提供了更为便捷的方式。损坏或老化的部件可以轻松拆卸并更换，而不必进行大规模的改建。这有助于延长建筑物的寿命，同时减少了拆除和改建时的材料浪费，实现了更好的资源回收和再利用。

通过模块化设计和可拆卸性的原则，不仅可以建立更具灵活性和可持续性的室内环境，还能够更好地适应未来的社会、经济和技术变化，实现更为智能和高效的建筑空间的利用。这对于推动可持续建筑和设计的发展具有积极的意义。

三、节能材料的应用

采用高效保温材料是实现室内节能设计的核心。在关键部位使用绝缘性能优越的材料，如聚合物泡沫绝缘材料、岩棉、蓬松材料等，能够有效减少热量传递，使室内保持适宜的温度。轻量而具有出色保温性能的材料，如蓬松材料和麻材料，被广泛应用于墙体、屋顶等建筑结构。这些材料不仅具备良好的保温性能，还对环境友好，符合可持续发展的理念。采用能够有效利用自然光线的光学材料也是重要的设计考虑因素。具有高透明度和隔热性能的材料，例如具备抗紫外线、热反射等特性的材料，有助于控制室内光线和温度，减少对人工照明的需求。这样的设计不仅提高了室内照明效果，还有助于节能。此外，选择符合绿色建筑标准的材料对于提高室内环境的节能性也至关重要。例如，采用竹木、再生钢铁等材料，既能够有效降低对原始资源的需求，又有助于减少建筑的碳足迹。采用生产和运输过程中排放较少二氧化碳的材料，能进一步减小对环境的影响，实现更为可持续的建筑设计。

四、拆除材料的可回收性

标准化拆卸原则在设计建筑和内部结构时至关重要，这确保了拆除过程的简便和高效，同时有助于实现材料的回收和再利用。将建筑结构设计为模块化的部分，使得在拆卸时可以逐个模块进行，从而把对整体结构的破坏控制在最小化。这样的设计能够简化拆卸过程，提高拆卸效率。使用标准化的连接方式，使得建筑组件之间的连接更容易解除，方便拆卸。标准化的连接方式有助于降低拆卸的复杂性。对于不同材料和组件进行明确标识，以便在拆卸时能够准确识别和分类，这有助于有效地进行材料的回收和再利用。在室内设计中，选择可回收的建材是实现可持续性的关键。使用可通过回收再生的金属材料，如铝、钢铁等；选择标明可回收标志的塑料材料，以便于后期的回收处理；采用来源可追溯、可再生的木材，避免使用非法伐木或对生态系统有害的材料；与回收公司和再加工厂商建立紧密的合作关系，确保拆卸的材料能够得到及时和有效的回收和再利用；在拆卸现场或附近设立回收站点，方便材料的分类和收集；这有助于确保拆卸的材料得到妥善处理；在建筑拆除合同中明确回收和再利用的责任，确保相关方履行环保承诺；对建筑行业的从业人员进行环保和可持续设计的培训，提高其对可回收性的认识，推动可持续建筑的实践。通过这些方式，可以在室内环境中实现更为可持续和高效的材料利用，减少对自然资源的过度消耗，推动建筑行业向更可持续的方向发展。

参考文献

[1] 鲁敏，李英杰. 园林景观设计 [M]. 北京：科学出版社，2005.

[2] 刘明华，汪洪亮，刘华，等. 花卉组合布景及养护 [M]. 沈阳：辽宁科学技术出版社，2003.

[3] 李方. 环境花艺设计 [M]. 杭州：浙江大学出版社，2003.

[4] 蒋青海. 室内花卉装饰与养护 150 答 [M]. 南京：江苏科学技术出版社，2003.

[5] 王路昌，张镛福，吴海波. 现代绿饰花艺 [M]. 上海：上海科学技术出版社，2001.

[6] 柯继承，戴云亮. 室内绿化艺术 [M]. 北京：中国轻工业出版社，2001.

[7] 王照蓉，等. 实用家庭花卉布置 [M]. 上海：上海文化出版社，2001.

[8] 贺振，王英，唐慧莹. 花卉装饰及插花 [M]. 北京：中国林业出版社，2000.

[9] 沈渝德. 室内环境与装饰 [M]. 重庆：西南师范大学出版社，2000.

[10] 刘玉楼. 室内绿化设计 [M]. 北京：中国建筑工业出版社，1999.

[11] 虞金龙，王瑛. 室内绿饰造景 [M]. 上海：上海科学技术出版社，1999.

[12] 刘翠玲，等. 室内绿化装饰技巧 [M]. 沈阳：辽宁科学技术出版社. 1995.

[13] 郭锡昌. 绿化装饰艺术 [M]. 沈阳：辽宁科学技术出版社，1994.

[14] 黄金. 屋顶花园设计与营造 [M]. 北京：中国林业出版社，1994.

[15] 冯天哲，周桦. 室内常绿花卉栽培与装饰 [M]. 北京：科学普及出版社，1993.

[16] 周吉玲. 室内绿化应用设计 [M]. 北京：中国林业出版社，2005.